iVX通用无代吗编程

孟智平 黄润民 著

清华大学出版社

北京

内容简介

本书介绍了无代码编程平台iVX的基本原理和开发功能，包含构建业务流程、逻辑和数据模型等，帮助用户一键设计应用并持续更新，自动跟踪所有更改并处理数据脚本和部署流程。全书共分为8章，主要内容包括无代码编程起源、初识无代码开发、基础开发教程、进阶开发教程、初级实战项目、中级实战项目、高级实战项目，以及扩展阅读，帮助读者快速掌握无代码编程技术。

本书可作为高等院校计算机、数字媒体、动画等相关专业的教材，也可作为程序开发人员的参考资料，还可供对无代码编程感兴趣的读者阅读。

图书在版编目 (CIP) 数据

iVX 通用无代码编程 / 孟智平，黄润民著 . —北京：清华大学出版社，2023.5
ISBN 978-7-302-62732-6

Ⅰ. ① i… Ⅱ. ①孟… ②黄… Ⅲ.①超文本标记语言—程序设计 Ⅳ.① TP312.8

中国国家版本馆 CIP 数据核字 (2023) 第 027707 号

责任编辑：李 磊
封面设计：李星也
版式设计：孔祥峰
责任校对：马遥遥
责任印制：朱雨萌

出版发行：清华大学出版社
　　　　网　　　址：http://www.tup.com.cn，http://www.wqbook.com
　　　　地　　　址：北京清华大学学研大厦A座　　　邮　　编：100084
　　　　社 总 机：010-83470000　　　　　　　　　邮　　购：010-62786544
　　　　投稿与读者服务：010-62776969，c-service@tup.tsinghua.edu.cn
　　　　质 量 反 馈：010-62772015，zhiliang@tup.tsinghua.edu.cn
印 装 者：三河市铭诚印务有限公司
经　　销：全国新华书店
开　　本：185mm×260mm　　　印　　张：16　　　字　　数：506千字
版　　次：2023年5月第1版　　　印　　次：2023年5月第1次印刷
定　　价：99.00元

产品编号：096167-01

前言

如果把我们的世界划分为"碳基"和"硅基"(所有软硬件设备)两部分,那么编程几乎是我们与"硅基"世界打交道的唯一手段,也是最直接的手段。从二进制代码到各种高级语言,程序语言已有超过70年的发展历史。虽然程序语言经历了多次蜕变,但依然保留着大量语法结构,代码阅读起来也依然晦涩难懂,这些复杂的程序语言使很多有创造力的开发者望而生畏。

从第一天接触编程,笔者就认识到学习编程的重要性。但在笔者内心,却一直排斥现在通用的编程方式——写代码!写代码并不是一种高效的编程方式,我们必须先学习各种编程语言、数据结构、最新的开发框架,还要掌握前端和后台、数据库,甚至操作系统的命令等相关知识。此外,在编写代码的过程中,非常容易出现各种错误(bug),再加上各种复杂的环境配置和开发工具的使用,使得软件开发过程非常烦琐。

代码编程技术发展至今,无数技术专家和团队都在研究如何减少代码量,以及如何让代码更好理解。这些其实都属于"泛低代码"的过程,如早期的VB、VC,再到后来的Delphi、C++Builder、JBuilder,以及各种库/框架的使用。

近些年,"低代码""无代码"编程技术逐渐出现在大众的视野中。对于"低代码"或"无代码"开发平台,目前认可度较高的定义是:无须编写代码,或通过少量代码就可以快速生成应用程序的开发平台。它的强大之处在于,允许终端用户使用易于理解的可视化工具开发应用程序,而不必使用传统的代码编写方式。

从字面理解,"低代码"还是需要写代码,而且"低代码"并不代表对代码要求低或者代码部分简单,甚至可能对代码的依赖和要求更高,如一些低代码平台,在遇到复杂的逻辑编排或定制化开发需求时,也需要通过编写代码来实现。这就会产生一个困境,即低代码平台是否也需要程序员来操作,甚至需要更专业的程序开发人员。

相比"低代码","无代码"更强调非专业程序员可以快速学习和使用。不过,当前很多所谓"低代码/无代码"平台,大部分都是模板化的软件系统,本质上只是表单、工作流、BI、在线表格组合的产物,不具备开发应用程序的能力,也无法生成独立可部署的源码。简单来说,这类产品相当于几个SaaS类产品的集合体,仅在特定领域内适用,其通用性相对较差。

针对上述产品发展情况,笔者提出自己的概念——"通用无代码",它实现了"无代码的便捷"和"能力上的通用"二者的平衡。"通用无代码"打破了对研发的传统认知,很多人认为它是不存在的,但通过本书你会发现"通用无代码"不仅存在,而且很好用。

以下是笔者对"通用无代码"的一些观点,也是我们研发产品要实现的目标:"通用无代码"和"代码"的关系为充分非必要,即代码可以在各个层次插入"通用无代码"系统中,如组件、函数、SQL、代码SDK等,但是在完全没有代码的情况下也可以开发各类应用;"通用无代码"谁都可以学,研发人员的学习周期为1~2周,非研发人员的学习周期为1~2个月,学习之后就可以投入研发工作;"通用无代码"必须具备快速学习、快速开发、快速运维、快速运行四个特征。

可以这么说,从"低代码/无代码"到"通用无代码"跨越了一条巨大的鸿沟,形成了一个编程系统的闭环,或者一个开发体系。而iVX正是这样一套"通用无代码"的系统。

结合当下的背景，集成开发环境和编程语言一直被国外厂商垄断，如果有一天无法使用，国内厂商和开发者该如何破局？基于此，创建一套国产的、通用的开发平台将很有意义。独辟蹊径，创建一套更先进、更易用的编程体系，这就是我们开发 iVX 的初衷。

本书的作者之一孟智平，花了十多年的时间探索"无代码编程"，并成功研发了通用无代码开发平台——iVX，现在主要负责 iVX 的理论设计和产品设计工作。

iVX 的目标是：构建全新的通用无代码编程体系，将编程效率提升数倍甚至数十倍；探索程序开发的最短路径和学习编程的最短路径；通过云原生的方式实现应用全生命周期管理；构建全新的无代码开发生态。

本书不仅介绍了"低代码/无代码"的相关技术和概念，还希望传递一些更本质的东西：如何通过 iVX 实现无代码编程；了解无代码开发的原理和技术，站在技术发展的前沿；如何完成中型甚至大型项目的无代码开发，在短时间内蜕变成全栈工程师，甚至架构师。

本书分为 8 章。第 1 和 2 章主要讲解编程技术的发展、"低代码/无代码"的概念，介绍 iVX 做了哪些工作及有什么特点。第 3 ～ 8 章介绍了 iVX 的真实开发过程，通过案例，让大家循序渐进地掌握运用 iVX 开发各类应用的技巧。本书作为学习 iVX 的基础教材，适合想学习"无代码编程"知识的学生、想掌握"无代码编程"技术的开发人员、想了解"无代码/低代码"领域的读者。

为方便读者学习，本书提供了丰富的配套资源，包括教学视频、案例图片素材、PPT 教学课件等，读者可扫描右侧二维码获取。

配套资源

最后，欢迎大家加入"无代码开发阵营"，共建"无代码开发生态"，参与并见证互联网时代又一次全新的革命——无代码编程。

编 者
2023.1

目录

第 1 章

无代码编程起源

1.1 为什么要编程

1.1.1 认识编程的本质

编程的本质是"用一种语言描述解决问题的逻辑过程",所需的能力简单讲就是"解决问题的能力"。

如图 1-1 所示,大家需要解决的问题是"怎样把大象放到冰箱里"。

人们用"自然语言"对解决这个问题的描述是:

① 打开冰箱门;

② 把大象放进去;

③ 关上冰箱门。

而"程序语言"对解决这个问题的描述则是:

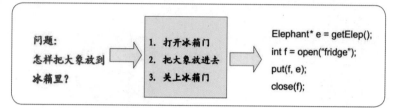

图 1-1

① 获得一只大象 (同时定义这只大象) → Elephant* e = getElep();

② 打开一个冰箱 (同时定义这个冰箱) → int f = open("fridge");

③ 把大象装进冰箱→ put(f,e);

④ 把冰箱门关上→ close(f)。

"程序语言"体现了最精简的逻辑,所以看上去比"自然语言"更短一些。但是,想要应用程序语言就必须建立在对程序语法结构熟悉的基础上,这往往给编程的初学者造成很大的困难,而这也是本书尝试解决的问题。

1.1.2 编程的意义

近几十年来,几乎所有科技的突破都和编程有着紧密的关联,如果能掌握编程这项技能,无疑会让我们变得更加强大! 未来是一个芯片的世界、软件的世界,人们每天需要与各种硬件或软件打交道,如果能深入了解某一种编程语言,将会掌握技术的主动权,也能更好地理解和融入未来世界。

通过编程,可以设计制造出各种有趣的软件甚至硬件设备;可以控制火星车在火星表面探索;可以穿越在虚拟世界中展开全新的人生体验;可以破解最难的数学谜题。

如果说编程简单也确实很简单,编程所需的技能就像炒菜做饭一样,先放什么,后放什么,什么时候开火,什么时候搅拌一下。如果说编程复杂,那编程就是个人或群体智慧的集中体现,就是逻辑本身。

其实,编程就是一种语言,人们用这种语言与软件及硬件打交道。

1.1.3 推进全民编程时代

现阶段,编程是一种专业技能,需要多年的学习和经验的累积,相应的程序员也是一类非常重要和稀缺的技术人才。另外,编程的学习门槛高,高端的技术、知识只掌握在少数公司和从业者手中,不合理的资源分配阻碍着行业的进一步发展,也带来资源的浪费。

但在未来,随着编程学习门槛的降低,编程会成为一种基础技能,人人都能学会和使用。随着无代码编程技术的成熟,必将推动"人人可编程"时代的到来,促进社会生产力的又一次提升。

1.2 编程语言的发展

1.2.1 编程语言发展过程

编程语言的发展过程，如图 1-2 所示。

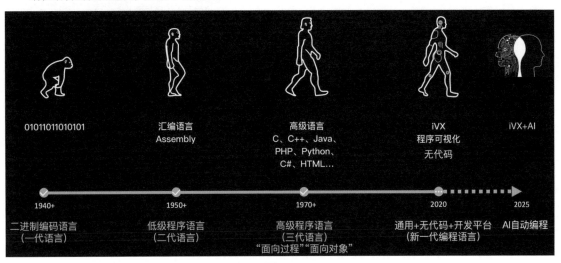

图 1-2

在介绍编程语言的发展历程之前，先简单介绍编程语言发展的两个基本特征。

特征 1：后一代语言更符合人类自然语言，或更容易理解和表达。

特征 2：后一代语言通过前一代语言开发，并且通常会生成前一代语言的代码，如汇编语言会编译成二进制编码语言。

1.2.2 第一代编程语言：二进制语言

编程语言，最早出现时只有当时最顶尖的计算机科学家可以使用，通过在纸带上打孔的方式进行程序的编写，以及输入和输出，如图 1-3 所示。大家可以想象一下，用二进制方式在纸带上面打孔，进行程序逻辑的表达会有多麻烦。

二进制的编程语言是随着当时计算机的诞生而诞生的，虽然这种"输入输出"方式非常原始，但是只要时间足够，从理论上却可以计算出所有可求解问题的答案 (数学上还有很多问题是不可求解的)。

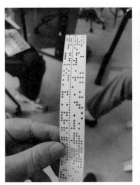

图 1-3

从底层原理上看，其实这种计算机的机制和现代计算机并没有太大差别。

1.2.3 第二代编程语言：汇编语言

汇编语言是公认的"第二代编程语言"，如图 1-4
所示。虽然看起来汇编语言的每个语句都很短小，主
要是方便 CPU 去理解和执行，但这种语言对于程序
员来说是比较复杂的。编程的时候，使用汇编语言需
要进行非常底层的操作（如操作 CPU 的寄存器），工
作量大且烦琐。

不可否认，汇编语言是一种运行效率非常高的语
言，而且对内存的消耗也非常小。

1.2.4 第三代编程语言：高级程序设计语言

20 世纪 70 年代，高级语言就已经诞生了。现
在常见的编程语言基本上都是高级语言，如 Java、
Python、C#、C/C++、Golang、PHP、Rust 等，高级语
言的"高级"主要体现在更高级别的"抽象和封装""结
构化""面向对象的思想"。特别是"面向对象的思
想"，对编程语言的发展起到了里程碑式的作用。

图 1-4

1.2.5 第四代编程语言：非过程化程序设计语言

随着软件的开发成本日益增长，软件供求矛盾进一步加剧。非过程化程序设计语言在此背景下产生。非
过程化程序设计语言，是针对以处理过程为中心的第三代语言提出的，希望通过某些标准处理过程自动生成
可运行的程序，使用户只使用少量甚至不用代码就能实现计算机编程。

非过程化程序设计语言需要满足四个标准：第一，用户界面良好，简单易学；第二，使用代码量少，并
能大幅提高软件生产效率；第三，面向问题的编写处理步骤，可保留过程化语言成分；第四，适用范围不能
太窄，具有通用性。

近年来，非过程化程序设计语言也被泛称为无代码 / 低代码程序设计语言。虽然国内外有很多团队对此
做了大量开发和尝试，但也许是因为没有跳出高级语言的思维框架或者相关技术还不成熟，并没有非常成熟
且具有代表性的产品，直到一款国内团队研发的通用无代码编程语言 iVX 的出现。相比现有的主流低代码平
台，iVX 的无代码程序设计语言不论在通用性、结构化、降低代码量、提高生产率、可视化开发界面和易学
易用性上，都完全符合非过程化程序设计语言的标准。

下一步，iVX 的研究方向是将无代码编程与 AI 结合，实现智能化的第五代编程语言。

1.2.6 第五代编程语言：AI 程序设计语言

随着技术的演进，人工智能技术和程序设计将会结合得越来越紧密，并最终实现 AI 编程。

笔者认为 AI 自动编程至少需要经历 15 年的时间才能实现，而 iVX 的出现有可能会加速这个过程。例如，
通过 iVX 这种本身结构化 / 组件化的语言，在积累了大量的应用开发样本后，构建"神经网络"模型，通过
不断地训练和学习，经过一定积累就可能用该模型控制 iVX 自主编程。

在这个过程中，iVX 具有以下优点：

(1) iVX 整体架构简单、功能明确，生成模型相对比较容易；

(2) AI 可以通过 iVX 对开发者的开发行为进行分析，如根据复杂度进行分析，可以获得比较合理的开发路径；

(3) 前后台资源都已经抽象为了组件，即"一切皆组件"，因此可以立刻获得开发的结果，构造合理的 AI 学习反馈机制。

让 AI 学会编程必将经历一个漫长和复杂的过程，希望 iVX 的产生能加速这一过程，最终实现 AI 自动编程的构想。

1.3 iVX 是什么

1.3.1 iVX 的定义

2007 年，即设计 iVX 之初，研发团队对该产品的定位是比较明确的：这是一个浏览器端的整合开发环境；尽可能无代码并能支持全场景应用的开发；尽可能一次开发生成多套应用 (支持不同系统)；支持云端部署和应用独立导出部署。但那时没有想过如何定义这个产品。

2020 年，随着 iVX 的全面上线，团队意识到必须开始思考"iVX 到底是什么，从学术的观点应该如何定义 iVX 这款产品"这个问题了。

现阶段对于 iVX 最合适的定义是：创新的通用无代码编程语言及其集成开发环境 (IDE)。具体含义如下。

1. 通用

"通用"指平台的通用性，即普遍适用于各种应用开发场景和支持在各种操作系统中运行。

iVX 支持的操作系统包含浏览器 Web App、iOS/Android(含鸿蒙)、小程序、小游戏、钉钉、Windows/macOS/Linux，以及 Arduino 硬件系统等；iVX 支持的开发场景包括中大型复杂应用 (基于无代码的逻辑编排引擎)、电商、大数据应用、表单、工作流、任务流、办公系统、工业物联网、游戏、网站、视频应用等。

一般不建议用 iVX 直接实现大型算法 (建议封装之后在 iVX 内部调用)；iVX 不支持操作系统级软件的开发，如杀毒软件 (iVX 主体是基于 Web 开发环境)；iVX 不适合用于大型 3D 多人在线游戏开发 (一般采用专业游戏开发引擎制作)。

2. 无代码

iVX 提供了原子级组件系统，支持用户自定义组件，并配合具有图灵完备性的"逻辑编辑引擎 / 面板"，不需要写任何代码就可以实现应用的前后台开发。此外，为便于程序员从传统开发方式过渡至无代码开发，iVX 也支持多种代码的接入，如 CSS、JS、SQL 等。

3. 编程语言

iVX 所开发的应用都可以生成源代码并脱离 iVX 独立部署，即对于开发者而言，iVX 类似一个代码生成器。大多数低代码平台不具备这种开发平台属性，只能在平台内部配置和使用。

iVX 已经能够不使用代码开发出非常复杂的大型系统，并自动生成千万行源代码程序。支持在线绘制 2D/3D 工况图的商业智能 (BI) 引擎就是基于 iVX 开发的，如图 1-5 所示。

基于 iVX 开发的 BI 引擎可应用于大型工业物联网项目。其数据处理流程如图 1-6 所示。

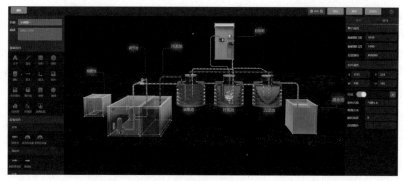

图 1-5

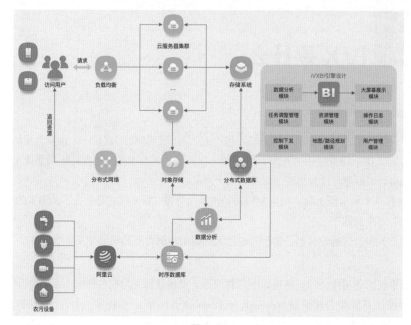

图 1-6

4. 创新

目前，国内外还未有类似 iVX 的平台或语言出现。国外现阶段比较出色的 Mendix、OutSystems 等平台也只能称作低代码开发平台，目前还做不到复杂逻辑的无代码表达；而国内很多产品，由于不具备生成可导出部署独立应用的能力，所以还不能算作开发平台。

iVX 做出了很多技术上的创新，具体如下。

(1) 云原生的 IDE。iVX 应该是为数不多的基于 Web 的通用应用开发的 IDE，并实现了前后台分离等先进技术。

(2) 逻辑编排面板。iVX 使用自研的"程序逻辑非代码表达"的事件面板，通过点选方式高效编辑各种程序业务逻辑。

(3) 分层的组件架构。iVX 首次实现了三层组件架构，从"微组件"到"基础组件"再到"小模块"，粒度逐渐增加，很好地平衡了开发的效率和功能，同时最大限度地保证了程序的可重用性。

(4) 对程序员和原有系统友好。iVX 首次提出了无代码编程语言与现有代码程序的关系是"充分非必要"，即 iVX 系统中可以集成各种前后台程序代码，程序员可以自定义组件、手写 CSS 代码、写 JS 函数、自定义

SQL，甚至可以把 Java/Android/Node.js 的软件开发工具包上传到 iVX 平台，与 iVX 生成的代码片段一起运营。

(5) 云计算组件和数据库生成模型。iVX 首次将云计算成熟产品直接抽象并整合成 IDE 中的组件，让用户可以更轻松地使用，大大降低了云计算产品的使用门槛，并实现了生成应用程序和运行时使用后台资源的解耦，解决了各种性能和安全性等问题；同时，iVX 基本集成了所有数据库的生成模型，并自动帮用户操作转换为 SQL 语法。

1.3.2 iVX 的系统架构

iVX 的整体架构如图 1-7 所示。值得注意的是，用户通过 iVX 编写的所有逻辑，只保存在"前台"和"中台"，而用 Go 语言写的"后台"则是一个和后端云基础设施相关的"中间件"。例如，对接 Kubernetes(K8s)，访问数据库、对象存储、网络等都是由这一层负责。这些基础资源的控制和使用对开发人员是透明的，所以开发人员可将更多精力放在业务逻辑本身，这种做法大大提升了开发效率。

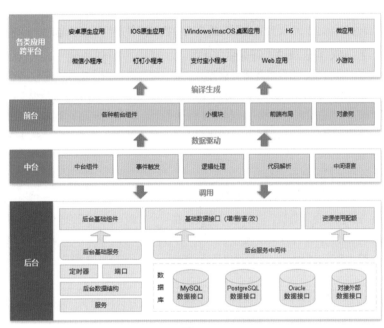

图 1-7

1.3.3 iVX 的三大属性

iVX 的三大属性包括语言属性、云属性 (云原生) 和工具属性，如图 1-8 所示。

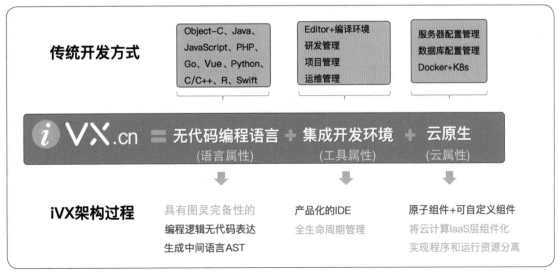

图 1-8

1. iVX 的语言属性

iVX 几乎是一款可视化的编程语言，通过 "原子组件 + 逻辑编排" 生成中间代码，中间代码最终被 iVX 编译器编译成 "前端 JS 代码" 和 "后台代码"。现阶段，"后台代码" 只支持 JavaScript(Node 或 Deno 中运行)，后期会支持生成 Java、Python、C# 等代码。同时，iVX 也具备对编程语言的开放性，虽然 iVX 可以实现无代码编程，但是为了广大现有程序员的需要，iVX 支持 "嵌入自定义函数" "自定义 SQL 代码" "自定义 CSS 代码" 等代码插入功能。

另外，这种语言还是 "前后一体"，以及 "全中文" 的。前后一体的语言设计使得程序员在学习 iVX 后，具有更大的使用维度，不会再受到前后台开发语言不一致的限制，过渡也更加容易。而全中文则代表大部分文档和资料都会以中文形式存在，为广大中国开发者提供了更快速的学习环境和更多的可能。

2. iVX 的云属性 (云原生)

iVX 实现了应用程序和运行资源的分离，即只帮助用户生成可高效运行的程序代码，而将程序所需的后台资源 (各种接口、函数计算、对象存储等) 和程序本身分离。也就是说，如果 iVX 生成程序放到 AWS 云上，那就使 AWS 的资源、各种开发和计算能力依赖于 AWS 的能力；如果放到阿里云上，则依赖阿里云自身的能力。当然，用户也可以放在自己的机房中进行独立部署，这个时候后端并发能力则依赖于用户自身的机房设备环境。

3. iVX 的工具属性

iVX 自带整合开发环境，开发者登录网页后，可直接进行项目的开发、调试、发布、测试、运维、二次开发等操作。也就是说，开发者可以直接在一个页面完成应用的全生命周期管理，最大限度缩短开发和运维流程。此外，iVX 可直接生成可导出的前后台代码，开发者不用担心会被平台绑定。

整个开发过程仅在一个界面中完成，包括应用开发→应用调试→应用发布→二次开发 (运维) 等。

1.3.4 iVX 是一个全新开发体系

从零开始，建造一个全新的开发体系，这是一个非常庞大且繁杂的工程。

传统的代码开发体系如图 1-9 所示；而新的无代码开发体系如图 1-10 所示。可以看出，两种体系之间既有联系，也有比较大的差异。

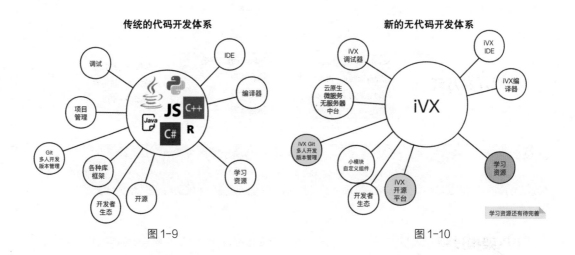

图 1-9　　　　　　　　　　　　　　　　　图 1-10

关于无代码开发体系的构建，目前只做了一部分，主体上包括：

- iVX 级源代码；
- 可视化日志 /Debug 系统；
- 多人开发系统 / 版本管理系统；
- 微服务 / 公开服务 /API 管理系统；
- 组件 / 自定义组件系统；
- 小模块 / 自定义小模块系统；
- 测试 / 发布 / 上架系统；
- AST 抽象语法树及其编译系统；
- iVX 级源码开源 / 交易 / 外包平台。

其中，比较有趣的是 iVX 级源代码，在传统的概念中，源代码是开发人员一行行用键盘敲出的，但在 iVX 全新的编程范式中，这个基础的概念发生了改变。iVX 中的源代码，指的是在 iVX 的 IDE 中所有对象及对象属性的合集 (事件也是一种对象)，也就是对应一个特定的对象和合集，就一定能编译出一套完整且唯一可运行的源代码。因此，在 iVX 中源代码已经不是以前的代码概念，为了加以区分，本书中会使用"iVX 级源代码"这个概念。

值得一提的，是 iVX 创建了一套类似 Git 的产品，即多人开发的机制。Git 是基于"一行行代码文本的"多人开发协作管理系统，而 iVX 是基于对象的，所以需要独立开发一套全新的适合 iVX 的 Git 系统，如图 1-11 ～ 图 1-13 所示。

图 1-11

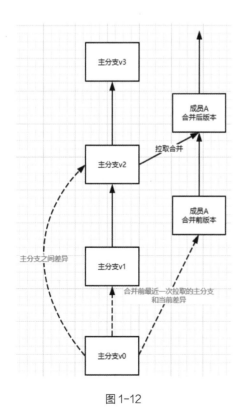

图 1-12

图 1-13

以 iVX 为中心的全新开发体系，具有如下四个特征。

1. 创造全新编程范式

iVX 在编程范式中，属于一个全新的分支——无代码编程范式，如图 1-14 所示。

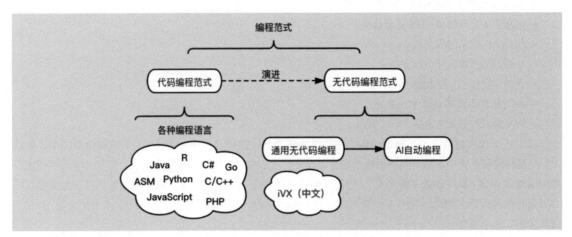

图 1-14

现有的编程范式中，无论是面向对象还是面向函数，基本上都是基于代码的编程范式。iVX 提出了一种无代码的编程范式，这种编程范式最大的特征就是"无代码"，且自动生成代码或可执行程序。

与现有的其他编程语言的扩展基本都是基于关键字和语法不同，iVX 选择了另外一条路，即只保留了最基本的"顺序""分支""循环"的逻辑结构，并重点在"对象的抽象化"和"组件化"方面下功夫。就像大脑的神经元一样，抽象和组织各种对象，并形成了自身粒度很细的基础组件。

另外，iVX 将逻辑划分为"算法逻辑"和"业务逻辑"。其中，算法逻辑尽量封装在组件内部，而业务逻辑则主要通过 iVX 的事件面板完成。

2. 自建完整语言生态

iVX 主要包含以下四个语言生态：

(1) 组件、小模块生态 (组件是开放的，iVX 开发者可以通过 JS 代码的方式自己编写并插入)；

(2) iVX 级源代码生态 (包括 iVX 级源码的免费开源应用、模板等)；

(3) 外包生态 (项目提供方和开发者 / 团队在该平台自由选择，通过 iVX 直接开发，iVX 负责平台管理)；

(4) 云市场 (类似阿里云市场、钉钉等)。

3. 对程序员友好

(1) 支持程序员自定义小模块。

(2) 支持程序员自定义 CSS。

(3) 支持程序员自定义 JavaScript 函数。例如，自行处理各种数据，支持各种 npm 包直接使用，以及和现有 JS 库一起编译。

(4) 支持程序员手写 SQL 代码，并通过 DBO 组件 (专门封装各种 SQL 的组件) 发到目标数据库。支持的数据库类型包括 Oracle、PostgreSQL、MySQL、SQL Server。

(5) iVX 支持前端生成 JavaScript 代码，以及可选的 (JavaScript、Java、Python、C#、C++) 后台代码自动生成，这就意味着 iVX 可以和这些代码现有文件一同编译运行。

(6) 如果是对软件现有功能的二次开发，建议开发者不要直接修改前后台代码，而是在 iVX 上修改，生成代码后覆盖原代码即可。

4. 支持代码生成和私有化部署

iVX 的代码生成和部署大体可以理解为四个步骤，如图 1-15 所示。

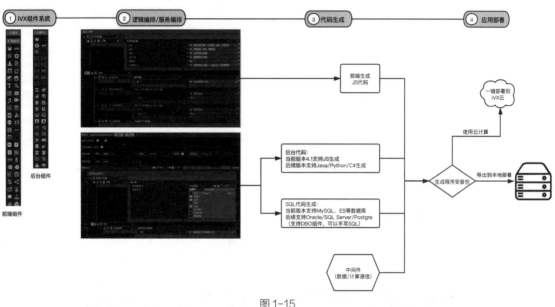

图 1-15

第一步，从 iVX 组件系统中选取需要使用的组件，包括前端和后台组件，并添加到对象树中。

第二步，为所有的组件添加逻辑部分，通过前端的"事件组件"和后台的"服务组件"，把应用所需的功能实现出来。

第三步，生成代码，iVX 会首先将组件和逻辑翻译成抽象语法树 (AST)，然后会把前端自动编译成 JavaScript 代码，后台也自动编译成 JavaScript 代码，以及将数据库的访问编译成 SQL 代码。

这里需要重点说明：首先，虽然平台暂时只生成 JS 代码，但支持用户上传其他编程语言的开发工具包，包括 Java、Python 等，一起在 Docker 环境中运行，不同程序语言之间通过 RPC 进行调用；其次，iVX 在处理数据库的代码生成时，会自动生成如 MySQL、Redis、ES 等语法代码，对于 Oracle、SQL Server 等，可以通过 iVX 的 DBO 组件，手写 SQL 代码，实现对数据库的直接连接和控制，使用起来非常方便；最后，iVX 后续计划支持其他编程语言后台代码的生成，包括 Java、Python、C# 等。

第四步，应用的部署，其实就是把前端代码包、后台代码包，以及中间件一同部署到服务器上，支持 Docker 或裸金属部署。值得一提的是，iVX 实现了所开发的应用程序和程序运行时后台资源的解耦；通过二次开发更新已上架应用的时候，也只会更新程序，不会更新数据。

1.4 iVX 的设计理念

1.4.1 去掉程序语法，保留程序逻辑

为了实现去掉程序语法和保留程序逻辑的目标，iVX 做了一些开创性的工作，包括以下几个方面。

1. 代码生成能力

能够直接生成可以运行的前后台代码，是 iVX 产品开发的一个核心需求，因为"只有能够生成代码，才能够不写代码"。对于一些写惯了代码的程序员来说，甚至可以直接把 iVX 作为一款代码生成器，无论是前端还是后台代码，iVX 都可以编译后快速生成。如果是其他应用，如微信小程序，会编译成对应的微信小程序原生代码。

虽然 iVX 可以导出类似 JavaScript 这样的代码，但不建议开发者直接去修改代码本身，因为一旦修改，就再也无法导入 iVX 的 IDE 系统进行二次开发了。正确的方式，是在 iVX 中继续开发，开发完成再二次导出部署。

2. 中间语言

iVX 内部包含一套完整的编程语言，只是这套语言对开发者不可见。iVX 会先生成 AST，再根据 AST 生成对应的代码，因此它被称为中间语言。通过中间语言，可以编译出各目标系统可以执行的代码，如图 1–16 所示。

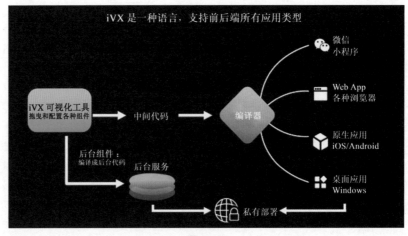

图 1-16

3. 构造"原子组件"

iVX 组件的粒度将直接影响可能实现的功能，如果粒度太大，能够实现的功能就会大打折扣。因此，要保证 iVX 功能的完备性，就需要分析各种应用的基本构成，并将应用拆分成"原子"。每个"原子"在逻辑上不能再分，而且是具有独立功能的，在程序中每个"原子"都是一个"对象"，而每一个"对象"都需要包括"属性""触发条件""函数 (或功能)"三部分，即"原子组件"。

"原子组件"之上还有"扩展组件""小模块""模板"等三层可重用结构，如图 1-17 所示。它有点像人体的构成，"原子组件"相当于人体细胞，"扩展组件""小模块"等相当于人体器官，而"模块"和最终生成的"应用界面"相当于每一个人。

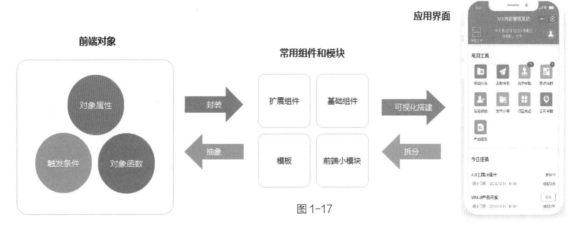

图 1-17

4. 图灵完备的无代码逻辑表达

组件就像一个独立的细胞，是没有逻辑的组织，无法形成一个复杂的应用。因此，"逻辑"才是应用的灵魂，也是相对比较复杂的部分。

那么，如何通过非代码的方式将逻辑表达完整，甚至是很复杂的业务逻辑？iVX 使用了创新的模式——"事件"面板，它类似语法树的模式，简单实用。

相比国外的低代码产品 Mendix、OutSystems 等的流程图模式，iVX 的事件面板模式具有更好的扩展性（线性扩展），对一些复杂逻辑的分支设计和维护也更加容易。

由于视图区域的限制，如果逻辑关系比较复杂，通过 Mendix、OutSystems 的流程图，很容易出现相互嵌套的情况，如图 1-18 所示。从数学上分析这种方式，发现主要问题在于对于复杂的应用，每个分支中逻辑复杂程度无法预测，导致在有限区域内经常会展示高密度逻辑，导致逻辑的可读性和可维护性较差。Mendix 本身也不建议通过无代码的方式实现复杂逻辑，它一直强调的还是低代码。

iVX 采用的事件面板模式则是将逻辑线性排列，信息的表达区域可以在垂直方向无限扩展，不会发生无法设计和维护的情况。iVX 的事件面板如图 1-19 所示，看起来要比写代码轻松。

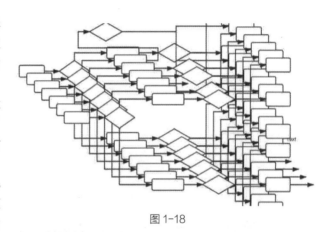

图 1-18

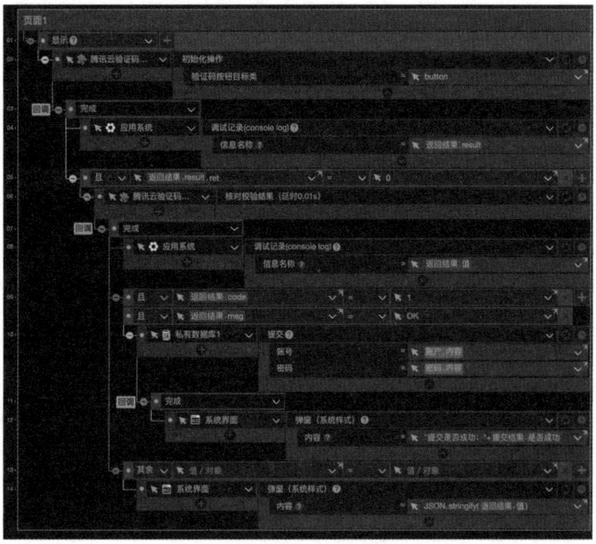

图 1-19

1.4.2 工具即语言，逻辑即代码，产品即架构，研发即运维

1. 工具即语言

iVX 实现了 IDE 工具和编程语言的结合，一方面编程语言虽然转身移至平台幕后，但仍然存在，无论是生成的中间语言还是最终编译生成的代码。换言之，开发者可见的只有 IDE 开发工具的界面，通过对工具的操作，自动生成编程语言。

2. 逻辑即代码

在通过事件面板表达逻辑的过程中，自然生成代码片段。

3. 产品即架构

过去，由于知识结构的限制，产品经理很难深入到开发工作中。随着 iVX 在团队中的引入，产品经理的作用进一步提升，几乎可以完成架构师的工作，真正掌控产品的研发过程。当产品经理学习了 iVX 开发后，在管理开发团队时信息会变得对等和透明，产品经理可以直接深入产品最底层，全面接管架构的工作。例如，建立多少张表、提供什么服务和接口等，产品经理都可以了如指掌，与开发工程师沟通也变得容易。

4. 研发即运维

iVX 是 DevOps 和"敏捷开发"的最佳体现，iVX"云原生"的开发环境，支持开发者密集的开发和迭代活动，做到"持续研发，持续交付"。

1.5 iVX 的优势与革新

1.5.1 编程语言的要素

如何判断一种编程语言或一个编程体系的优劣？

从编程语言本身的功能出发，给出判断标准，即是否支持"快速学习""快速开发""快速运行""快速维护"。这些编程语言的评价要素，用于评价低代码和无代码的产品也是合适的，如图 1-20 所示。

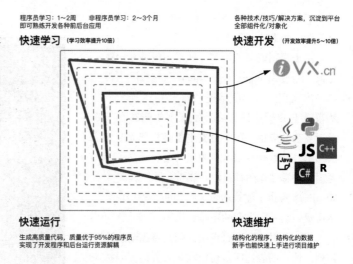

程序员学习：1~2周　非程序员学习：2~3个月
即可熟练开发各种前后台应用

各种技术/技巧/解决方案，沉淀到平台
全部组件化/对象化

快速学习 （学习效率提升10倍）　　　　**快速开发** （开发效率提升5~10倍）

快速运行
生成高质量代码，质量优于95%的程序员
实现了开发程序和后台运行资源解耦

快速维护
结构化的程序，结构化的数据
新手也能快速上手进行项目维护

图 1-20

下面我们将结合 iVX 逐一解释每个要素，以及 iVX 结合各要素所产生的优势。

1. 快速学习

这些年流行的编程语言，学习和应用都需要耗费较长时间，如 Python、JavaScript、Java 等。学习代码编程，可能需要 2～3 年甚至更长时间，但也不一定具备前后台开发的能力。

iVX 的优势之一是可以"快速学习"。根据经验，如果是学习过编程的人员，1～2 周就可以上手使用 iVX 进行快速开发；而如果是完全没有编程经验的初学者，也只需花 2～3 个月就可以熟练掌握并使用 iVX 了，而且可进行前后台一体化开发。

iVX 能够达到"快速学习"这一标准，其本身具备的优势包含以下几方面。

(1) 语言本身足够简单。能够快速学习，主要看这种语言本身是否容易被初学者掌握，可以快速学习、快速上手。iVX 本身就是一种完全可视化的编程语言，它去掉了晦涩难懂的语法部分，并且使所有的操作可视化。在 iVX 平台中的操作多采用拖曳和配置的方式，对于同样一个应用程序的开发，输入操作会比代码减少成百上千次。

(2) 良好的学习资源和开发者生态。良好的学习资源和开发者生态，可以让学习者找到适合自己的学习路径，并且建立学习信心。针对这一点，iVX 推出了一系列平台，如"在线文档中心""在线诊断室""开放课程平台""组件和小模块交易平台""Demo 分享平台""iVX 级源码交易平台"等，帮助用户快速学习和应用。

2. 快速开发

语言是否具备快速开发的能力，已经越来越受到关注，甚至成为评价语言优劣的核心要素，其重要性甚至超过了生成代码的执行效率。对比编写代码的方式，无代码开发优化了许多步骤，从而实现开发效率的提升。

接下来从以下几个方面来介绍 iVX 快在哪里。

(1) 一键快速生成百行代码。由于 iVX 本身提供了非常丰富的组件系统，包括"基础组件"和"自定义组件"，以及丰富的可重用"小模块"，使得开发者在各个层级都可以重用平台累积的资源；同时，iVX 还提供了"自定义组件 / 小模块"交易平台，使得可重用的资源本身构成社区和生态。iVX 的组件生态同时也对现有的代码生态进行开发，如用户在使用自定义组件时，可以将前端 npm 包直接导入生成组件，也支持导入 ElementUI 等前端库一起编译。

(2) 减少拼写和语法错误出现的概率。由于 iVX 的基本操作就是拖曳、选择和单击，因此输入操作的频率会大幅降低，在传统编程中经常出现的拼写错误、名字错误等问题基本就可以避免了。

(3) 海量知识和经验的沉淀。一般情况下，开发人员遇到比较生疏的技术问题，就会去查找各种资料或向他人请教，以找到适当的解决方案，查找和验证都需要花费人员大量的时间。然而，这些方案有些是可用的，有些是部分可用的，有些甚至是不可用的。在 iVX 研发的过程中，特别是在抽象各种前后台组件的属性和函数的过程中，已经沉淀了大量的被验证过的解决方案。

图 1-21 所示为 iVX 开发的日常工作记录，其中收集了企业和个人开发者的需求，并已根据不同优先级整合到了 iVX 开发平台中。日积月累，iVX 平台已经整合了成千上万条这样的解决方案或相关技术，由于这些内容在 iVX 平台已经开发并验证过一遍，因此开发者再使用时，技术问题已经解决，所以速度会大幅提升。

图 1-21

(4) 云端一站式管理应用全生命周期。iVX 具有完整的云原生属性，这意味着开发者只需要打开网页就可以在线开发、调试、预览、发布和上架，不需要像传统开发那样需配置开发环境，项目管理完全在云端完成。

(5) 快速开发并非降低逻辑复杂度。当使用 iVX 做复杂逻辑的时候，也需要思考并梳理逻辑关系，像代码中使用 for、if 一样，在"事件"面板添加"循环"和"条件"模块。如果没有厘清逻辑关系，就会浪费很多时间。如果开发者逻辑清晰，使用 iVX 中封装好的组件或动作组，就会比手写代码事半功倍。

(6) 打造敏捷开发团队。群体人数增多，各种沟通和管理的问题就会产生。换言之，开发团队越庞大，这种无形中的消耗也就越大，大部分开发人员的时间会浪费在等待、开会、争论、定位问题等过程中。为加强团队内部管理和规范化工作流程，除了开发成本外，企业需要增加项目管理的成本。使用 iVX 开发，可以将一个臃肿的多人团队拆分和精简为多个敏捷的中小型团队，将精力更多地投入产品开发中。

构建一个 iVX 的敏捷开发团队，一般情况下团队中有 1 名产品负责人，其余成员可按前后端分工，1 人负责后端及所有相关接口，1 ～ 3 人负责前端页面和交互开发。后端的工程师要有一定的架构能力，即能够结合项目本身的业务逻辑合理地设计出数据库及服务接口，并且能考虑到后续运维和实际项目继续演进。此外，也可按功能模块分工，由工程师各自独立负责不同模块的前后端全栈开发。经过测试，iVX 可以将一个项目的开发人数大幅降低，小型项目可由一个人独立完成前后台的开发，而一般需要 20 人以上的团队开发半年的中大型项目，使用 iVX 开发只需 5 ～ 7 人的团队就可以完成。

3. 快速运行

快速运行，指的是代码生成质量的问题，以及其相关的运行机制。在计算机编程语言中，就运行速度而言，往往是越"低级"的语言，越具有更快的运行速度，如汇编语言最快，C 次之，然后是 Java、Python。另外，往往都是"编译型语言"的运行速度会高于"解释型语言"。

本书提到的快速运行，并不是指其他某一种编程语言对比运行速度提升多少，而是指生成代码本身的质量比较好，或者说逻辑架构比较好。准确来说，iVX 是一种全新的开发体系，是一种与现有代码开发方式并列的体系。并且 iVX 编译后，并不会形成一种全新的代码语言，而是可以生成一种指定的代码。大家可以这样去理解，iVX 的核心代码 (Core 和编辑器等) 都是"大神级"的程序员打造出来的，当开发者使用 iVX 进行开发时，某种程度上相当于获得了一种赋能，而这种能力会尽可能保障使用者生成代码的质量。

4. 快速维护

严格来讲，快速维护和应用所选择的架构 / 框架强相关，和开发者能力强相关，和产品强相关，而与开发语言本身关系不大。现阶段市面上流行的开发语言基本上都具备比较完善的开发体系、丰富的开发框架，从编程语言层面上能提供的基本上都提供了。

而在低代码 / 无代码领域，快速维护显得异常重要。iVX 在快速维护方面具有以下能力。

(1) 前端开发和调试能力：前端开发 IDE、前端调试能力、前端和原有系统及数据的整合能力等。

(2) 后台开发和日志能力：单独导出部署、云计算整合能力、后台日志、原有系统和数据整合能力。

(3) 多人开发和版本管理能力：前端和后台都可以拆分，支持多人协作开发，有类似 Git 的版本管理工具等。

(4) 应用开发管理能力：生命周期管理、测试 / 发布 / 上架管理、开发 / 生产环境分离等。

(5) 可重用和可解耦能力：微服务、组件化设计，多层次的可重用、可扩展的模块化机制，以及小模块、自定义组件这样的重用机制。

总体而言，iVX 在快速学习、快速开发、快速运行、快速运维等方面都具有明显的优势，并且 iVX 还可以很好地吸收代码编程的资源，如导入 npm 包、库、SDK 等，甚至还支持开发者在平台嵌入 CSS、SQL、JavaScript 的代码，具有相当的开放性。

1.5.2 iVX 对技术管理和运维的改变

项目团队技术栈管理，以及不同技术栈项目的后期维护是令很多企业头疼的问题，也是现在项目管理的难点，如图 1-22 所示。

大部分项目一开始就是外包或不同团队开发的。需要维护的项目，在研发技术上几乎就是"前端框架数量""后台语言和框架""数据库数量"的排列组合。

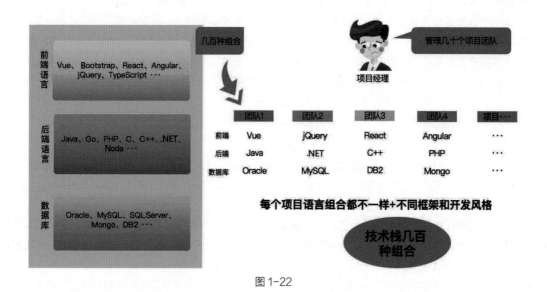

图 1-22

团队一，采用 Vue 前端，Java 后台，Oracle 数据库……

团队二，采用 jQuery 前端，.NET 后台，MySQL 数据库……

然而，一旦团队中有研发人员离职，或者外包项目结束，项目维护就会变得极其困难。很多设计不得不推倒重来，这样无疑会给企业造成巨大的损失。

iVX 天然地解决了这个问题，技术栈先进且统一，学习难度也不大，就算研发人员离职也不会对项目开发和维护带来非常严重的后果。同时，iVX 整合的云原生开发环境，可以实现对应用的全生命周期管理，也是 DevOps 最佳实践，实现持续交付、持续研发，达到研发即运维的效果，如图 1-23 所示。

图 1-23

1.5.3 iVX 对技术团队管理的改变

1. 人员规模缩小

使用 iVX 后，开发同样规模的项目需要的开发人员通常为以往的 1/3 ～ 1/5，如图 1-24 所示。

以前一大堆人才能完成的工作，现在压缩到一个人或者几个人就能完成，这为团队管理带来的改变是巨大的。在实践过程中，绝大多数项目都可以由一个人独立完成，整个项目自己就能控制，少了无休止的沟通、争论、会议，责任更加明确，使研发的整体效率大大提升。

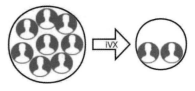

图 1-24

2. 产品经理掌控产品研发全过程

在实践过程中发现，产品经理介入开发工作是非常有建设性的。举一个简单的例子，以前产品经理只管功能，但由于技术限制无法参与到性能的讨论中。很多时候，前端接口是前端开发的人员要求什么，后台就提供什么（现在大多是这样），前端人员为了简单，一次性请求很多数据（因为前端人员大多数不了解后台架构，不知道哪些数据请求浪费资源多，不了解制作数据的时间长短）；而后台大多数也不了解前端，要多少就给多少。这样增加了运营成本（计算费用），导致访问速度变得非常缓慢。产品经理经常遇到这种情况，但也只能望"码"兴叹，如图 1-25 所示。

图 1-25

由于 iVX 直观、简洁的特点，所以学习起来并不复杂，非专业人员也可以轻松学习，因此产品经理也可以学习 iVX。如果引入 iVX，并且产品经理对知识有一定的掌握，所有问题就可迎刃而解。学习并掌握 iVX 的开发和运行流程后，产品经理可以非常好地和开发人员沟通，无论是对于后台开发还是前端开发都能更好地管理，甚至产品经理可以完成架构师的工作。例如，后台需要建多少张表、提供哪些服务，这些工作产品经理都可以进行规划。

因此，希望所有使用 iVX 系统的团队，全部人员都应学习并掌握其运行原理和操作方法，包括产品经理在内，这样才会取得事半功倍的效果。

1.6 iVX 的开发历程

1.6.1 v1.0 Flash 版

早在 2008 年，研发团队便开发了 v1.0 Flash 版，并开始内部测试和使用，这是最早期的版本。那时想在 Web 里开发，只能使用 Flash 制作，没有其他选择，而且那时最流行的浏览器是 IE 6/7/8，反应速度慢、占用空间大、安全性也一般。当时研发该产品全凭团队成员的兴趣，仿佛是在一个 Web 里开发 Web 的工具，追求的是一种"无中生有"的感觉。

彼时还没有云计算的概念，这款产品应该算是早期的网络基础设施及软硬件运作平台产品了，如图 1-26 所示。

图 1-26

1.6.2 v2.0 GXT 版

经过几年的运行和试验，2021 年研发团队升级系统，推出 v2.0 GXT 版，如图 1-27 所示。

这个版本已经用 JavaScript 语言进行开发，也使用了当时比较先进的 GXT(Google 的一套 Web 开发框架)。

该版本同样在 Web 里且仅供内部使用，整体效果摆脱了 Flash 的风格，看上去要"高级"一点。

图 1-27

1.6.3 v2.6 原生 JS 版

2013 年，产品系统再一次升级，推出 v2.6 原生 JS 版，如图 1-28 所示。

这个版本已经支持 Dom 对象的各种操作，包括简单的逻辑编排能力，并且支持动画和时间轴的编辑功能，可以快速开发一些网页和小网站前端。

由于功能不完善，该版本依旧限于团队内部使用。

图 1-28

1.6.4 v2.9 运营版

经过几年的设计与开发，2015 年初，第一个运营版 v2.9 正式上线，如图 1-29 所示。

这个版本看上去已经比较成熟了，从功能上支持物理引擎，支持各种小游戏开发，全面支持微信 H5 应用开发，以及可以完成比较复杂的前端逻辑和简单后台逻辑开发。

当时，微信中的 H5 广告、游戏等交互页面非常流行，很多用户直接用该产品来制作 H5 小程序，为此研发团队专门申请了 iH5.cn 的域名进行运营，这也使产品小有名气。

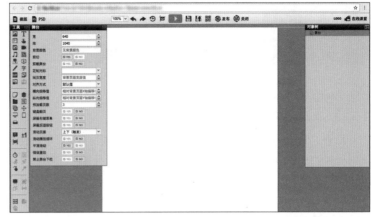

图 1-29

1.6.5 v3.4 Vue 版

2017 年，更成熟的 v3.4 Vue 版上线，如图 1-30 所示。

这个版本前端使用 Vue 开发框架进行开发，生成的前端代码也是 Vue Code 的。它已经具备了后台开发逻辑，具有数据库组件，前端支持数据绑定和数据驱动模式。

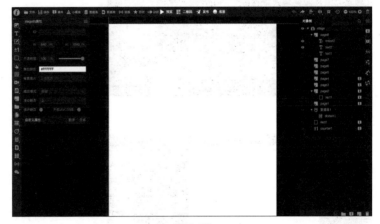

图 1-30

1.6.6 v4.5 React 版

2020 年，v4.5 React 版正式上线，产品也正式更名为 iVX，如图 1-31 所示。

这个版本采用了 React 进行前端重构，就是现在 (iVX.cn) 线上的版本。

2021 年底，产品又进行了大版本升级，至 5.0 版。

该版本支持"原生微信小程序""原生微信小游戏"的开发，实现前后台分离，自定义组件 / 小模块等众多功能；同时第一次将云计算产品变成组件接入了 iVX 平台。

图 1-31

在这个版本中，前后台的能力 (特别是后台) 有了本质的提升。

1.7 优秀应用作品展示

1.7.1 工业物联网项目

昆仑工程公司物联网 (IoT) 项目的整套系统都是使用 iVX 开发完成的,单系统可以支持百万台以上的设备,同时处理亿级传感器回传参数 (计算通过对接 AWS 云计算后台实现)。

该项目现阶段主要用于广东省水污染检测和处理,预计实施完成后,处理节点在 2 万个以上,传感器回传数据单次达 5000 万条。系统可以实现"实时报警与预警""大数据分析和处理""工单自动生成和分配""核心检测数据的可视化展示"等功能,如图 1-32～图 1-35 所示。

图 1-32

图 1-33

图 1-34

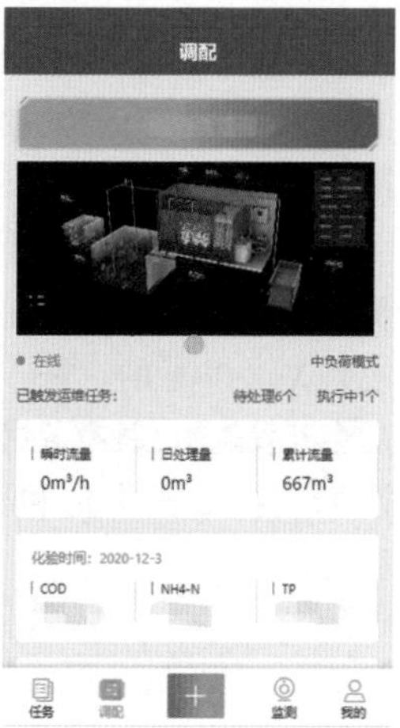

图 1-35

1.7.2 智能数字化销售系统

灵境信息科技有限公司是办公及家具行业数字化服务商,企业针对商用家具行业供应链冗长复杂、产品展示困难、项目方案制作中大量低附加值重复性劳动等一系列行业痛点,使用 iVX 开发出一套包含 Web 端和微信小程序端的数字化销售系统。该系统的核心功能包括专属产品库 (办公家具类) 管理、门店销售运营管控、产品智能推荐、线上 VR 展厅、在线室内方案制作工具等,如图 1-36～图 1-39 所示。

图 1-36

图 1-37

图 1-38　　　　　　　　　　　　　　　　　　　图 1-39

该智能数字化销售系统的移动端小程序展示，如图 1-40 ～图 1-42 所示。

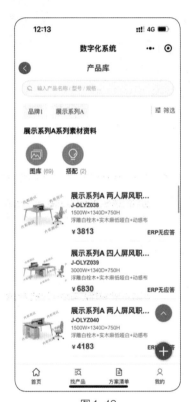

图 1-40　　　　　　　　　　　　图 1-41　　　　　　　　　　　　图 1-42

1.7.3 数字化财务系统

基于 iVX 开发的数字化财务系统，功能包括录入凭证、查阅凭证，查询总账、明细账、项目余额表，查询利润表、现金流量表、资产负债表，结账，查询合同的收款情况，公司财务管理，辅助核算管理，科目管理，账号管理等，如图 1-43 ～图 1-45 所示。

图 1-43

图 1-44

图 1-45

1.7.4 在线直播会议系统

用 iVX 开发的会议室系统封装了腾讯云 RTC，能够实现屏幕分享、语音交流、白板分享、云端录制等功能，还拓展了文字聊天、弹幕滚动，以及发起投票等功能，如图 1-46 ～图 1-48 所示。

图 1-46

图 1-47

图 1-48

创建会议成功后，使用者（房主）可以分享链接邀请其他人加入会议室，如图 1-49 所示。

图 1-49

房主可以边分享屏幕，边与成员进行语音交流。每个房间的房主都可以控制会议室内其他成员的麦克风状态，单击"全体静音"和"取消静音"即可进行切换。每个成员可以控制自己的麦克风状态，单击麦克风图标即可进行状态切换，如图 1-50 所示。

图 1-50

会议室中文字聊天和弹幕功能的效果，如图 1-51 所示。

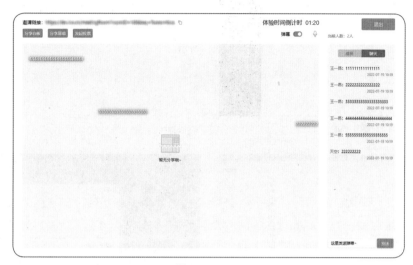

图 1-51

1.7.5 流程化办公系统

用 iVX 开发的流程化办公 (OA) 系统可以在线绘制表单和流程，处理公告文件，进行部门和人员的管理。同时，该系统可支持计算机和手机双端操作，满足移动化办公的需求，如图 1-52 和图 1-53 所示。

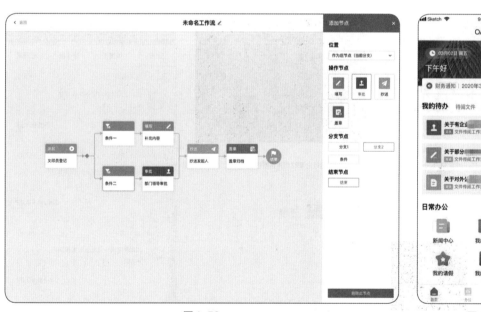

图 1-52   图 1-53

1.7.6 电商管理系统和购物小程序

用 iVX 开发的电商系统和小程序在 iVX 官网上可以免费体验和下载，通过 iVX 自研的 IDE 可以直观地看到清晰的界面效果和应用结构，可按功能模块进行编辑和开发，如图 1-54 所示。

电商系统中包括常见的商品、购物车、订单、支付、评价、售后退款和店铺设置等功能，商家可以在网页版管理后台进行设置，如图 1-55 和图 1-56 所示。

图 1-54

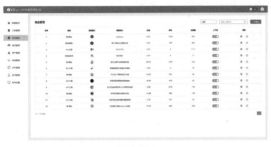

图 1-55

图 1-56

消费者可通过微信小程序浏览商品、加入购物车、添加收货地址、下单支付、确认收货、提交评价和申请售后退款，如图 1-57 ～图 1-59 所示。

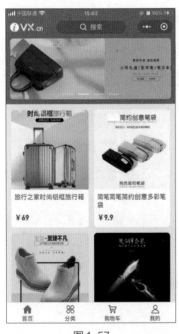

图 1-57

图 1-58

图 1-59

1.7.7 在线协作文档和知识库

在 iVX 官网上可以免费体验和下载在线协作文档和知识库应用，用户通过微信登录后可以体验类似于语雀、石墨文档的目录管理、文档编辑和协作邀请等功能，如图 1-60 所示。

在文档编辑页中，用户可以输入图片、表格、视频等内容，同时可以为文档编辑文本格式，如图 1-61 所示。

图 1-60

图 1-61

1.7.8 基于树莓派的植物浇水应用

在 iVX 中可以连接树莓派、Arduino 主板，以及相关传感器和控制器，实现一些物联网、无线遥控、智能家居等应用。

如图 1-62 所示，这是一个智能浇水应用，主要用到的硬件有树莓派主控、继电器、滑动变阻器、土壤湿度传感器和小型水泵。通过 iVX 中的触发器循环获取土壤湿度，若为干燥，则控制水泵进行浇水；若为湿润，则停止浇水。

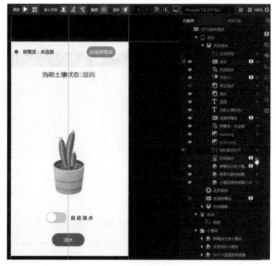

图 1-62

用户在手机应用中，可实时看到树莓派连接状态、土壤湿度，浇水时还可以看到浇水的动画，如图 1-63 所示。

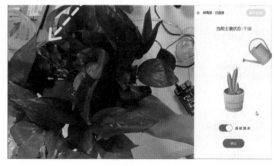

图 1-63

1.7.9 IM 在线聊天系统

在 iVX 官网上可以免费体验和下载 IM 在线聊天系统，系统分为计算机端的 Web 版和手机聊天用的 H5 版。该系统功能包括群聊、私聊、好友系统、通讯录和群管理等，聊天内容支持发送文本、图片、语音（支持在微信里录音）、视频和文件等，如图 1-64 ～图 1-66 所示。

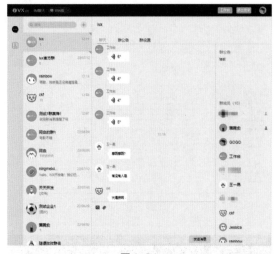

图1-64

图1-65

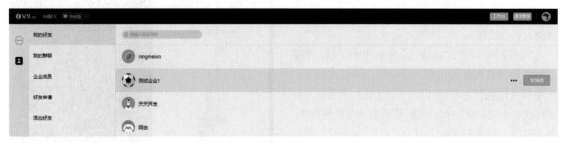

图1-66

H5 版的 IM 在线聊天系统通过底部导航栏切换查看"聊天""通讯录""我的"页面，具备微信、QQ 中的常用功能，如图 1-67 ～图 1-69 所示。

图1-67

图1-68

图1-69

第 2 章

初识无代码开发

2.1 基础知识准备

2.1.1 什么是 iVX 应用

用 iVX 开发的应用，可以是网站系统，也可以是手机端 H5，或者是微信小程序、小游戏等。在下文中，将统称这些应用为"iVX 应用"。

任何一个 iVX 应用，都可以理解为一个"软件"，其本质是编译成计算机语言的一个应用程序，可以在客户端（电脑、手机等）设备上运行。此外，iVX 应用还可以发布为原生 iOS 或 Android 手机 App、Windows 或 macOS 桌面应用，以及连接树莓派、Arduino 等硬件设备。在具体实现原理上，每一个类型的 iVX 应用又不尽相同，接下来就简单介绍一下。

1. 网站系统与移动端 H5

无论是网站系统还是移动端 H5，其本质都是一个网页应用，即一个在浏览器中运行的应用。在计算机中使用的是 PC 端浏览器，比如 Chrome、Firefox、IE 等作为网页应用的运行载体；在手机中，则是使用移动端浏览器作为载体，比如在微信中打开一个 H5，实际上是使用微信 App 自带的浏览器打开一个网页应用，如图 2-1 所示。因此，一个网页应用就是一个在浏览器中运行的软件程序，离开浏览器，网页应用就无法打开了。

同一个网页应用在不同的浏览器中，可能会有不同的表现，原因是每个浏览器对同样的应用代码可能会有不同的"诠释"。尽管各大制作浏览器的公司和组织会尽量统一标准，让不同的浏览器打开同一个应用时的显示效果更接近，但也无法保证完全一致，特别是一些新的特性或功能，会出现浏览器兼容性的问题。针对兼容性问题，iVX 开发的网页应用能够兼容市面上主流 Chrome 内核的多款浏览器，也支持在主流手机系统提供的默认浏览器、微信浏览器中运行。

2. 微信小程序 / 小游戏

微信小程序或小游戏可以理解为一种在微信中运行的特殊网页应用，如图 2-2 所示。

图 2-1　　　　　　　　　　　　　　图 2-2

小程序 / 小游戏，是微信为了提高应用运行的效率，而提供的一种新的应用类型。内部原理是使用了普通网页应用的 JS 程序引擎，外加原生 App 的渲染机制。为此，微信提供了一套特殊的应用运行环境，而微信小程序 / 小游戏就是运行在这个环境中的特殊网页应用，因此小程序与小游戏应用是无法在普通的浏览器中运行的。

iVX 针对小程序做了一套普通网页应用的兼容逻辑与兼容组件，完全模拟了小程序的运行逻辑，用户可以在 iVX 中预览小程序 / 小游戏（使用浏览器预览）并将其发布为 H5。

3. 原生 App

原生 App，即在 iOS 及 Android 系统中直接安装的 App，如图 2-3 所示。

图 2-3

与网页应用和小程序不同，原生应用是直接安装在设备操作系统上的，而不是运行在浏览器或是特殊网页应用环境中。无论是安装在 iOS 还是 Android 中的原生应用，都需要下载，而不能像网页应用和小程序一样即开即用。但由于原生 App 可以直接与操作系统交互，因此对于一些大型的移动应用，比如大型游戏类应用，其性能会优于网页应用与小程序。

iVX 开发的应用支持发布为 iOS 和 Android 的原生 App，可以安装在手机上进行测试和使用。此外，iVX 还提供了专门的组件，便于开发者使用一些常见的原生 App 功能。

2.1.2 认识前台和后台

一个 iVX 应用，主要由两部分构成，前台部分和后台部分，如图 2-4 所示。

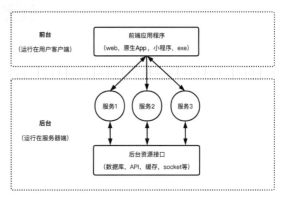

图 2-4

前台部分，对应前端应用程序，负责客户端界面的展示与交互。在 iVX 中，前端程序支持多种类型，包括 Web 应用、小程序、原生 App、Windows exe 应用。在运行时，每个用户都需要在本地客户端下载一份前端程序运行。

后台部分，对应服务端程序，部署在后台服务器 (集群) 中，负责后台数据与通信逻辑的处理。后台部分进一步包括"后台资源接口"和"服务逻辑"。

后台资源接口，主要包含各种数据库、API、缓存、文件等后台资源的操作接口，每一种接口都对应 iVX 中的一个后台组件。注意，iVX 仅负责生成应用程序，并不提供后台资源本身，因此要运行 iVX 的后台程序，需要额外接入后台资源，如 MySQL 数据库、Redis 等。在 iVX 公有云上，这些资源已经自动接入，因此 iVX 应用可以直接发布运行，如果选择私有部署，则需要自行准备资源。

服务逻辑，主要包含服务组件，是前端程序和后台资源进行交互的中央枢纽。其提供了一个 HTTP 的服务接口，可以供 iVX 前端部分应用或其他第三方应用调用，同时可以直接操作各种后台资源，并定义内部处理逻辑。

举一个简单的例子，假设有一个收集用户信息的应用，其结构如图 2-5 所示。

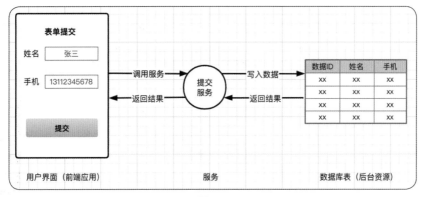

图 2-5

左侧用户界面，即前端应用，其运行在用户的浏览器端，负责收集用户填写的信息；右侧的数据库表，即后台资源，负责存储所有用户提交的信息；中间的提交服务，即后台的服务层，负责监听前端应用发送过来的请求，对请求的数据进行处理。比如，判断提交的数据是否合法，然后调用数据库表，写入数据。数据写入后，服务还需要根据写入是否成功，将结果返回给前端应用，这样前端应用可以把数据提交结果在界面中显示。

在 iVX 编辑器中，应用的前台部分统一在"前台根"下进行编辑，应用的后台部分，包括服务与后台资源，统一在"后台根"下进行编辑。以上面这个数据提交的应用为例，"对象树"面板的结构，如图 2-6 所示。

在认识了应用前台和后台的作用后，还需了解前端数据和后台数据存储的不同之处。

1. 前端数据

每一个前端应用，都可以理解为是前端数据与用户界面的集合，如图 2-7 所示。用户界面，负责提供直接与用户交互的媒介，而前端数据则是用户界面背后的实质内容。

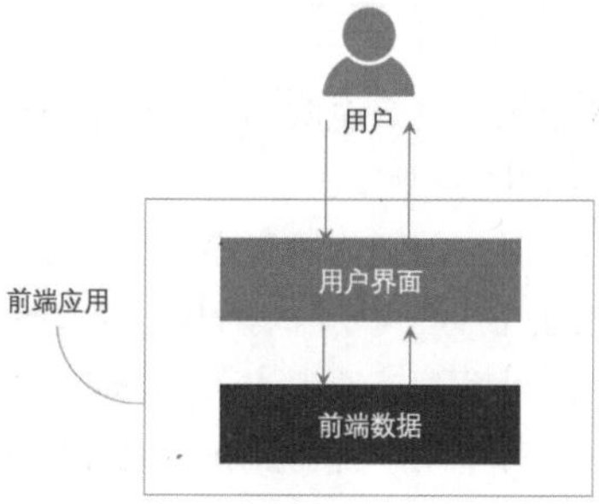

使用一个前端应用的过程，可以理解为通过用户界面与应用的前端数据进行交互的过程。因此，尽管大家无法直接接触到前端数据，也必须能够认知到它的存在，在任何应用的开发过程中，前端数据都是需要处理的核心对象。

我们可以把前端数据想象为各种存储在前端的 Excel 表格，如在一个点餐的应用中，用户界面负责将前端数据展示为菜单列表，如图 2-8 所示。

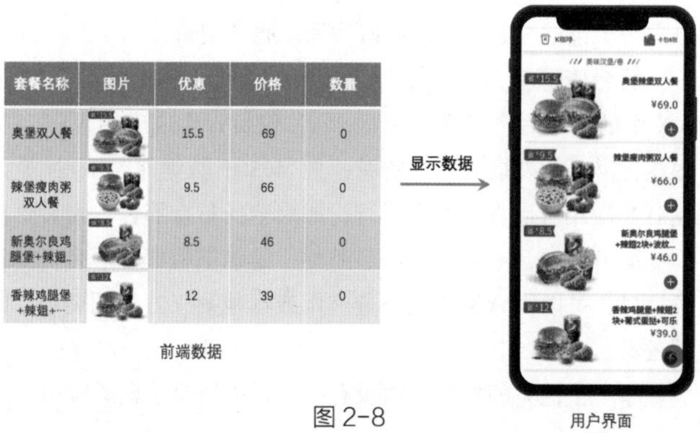

当有人点餐时，会通过界面，去改变前端数据，如图 2-9 所示。

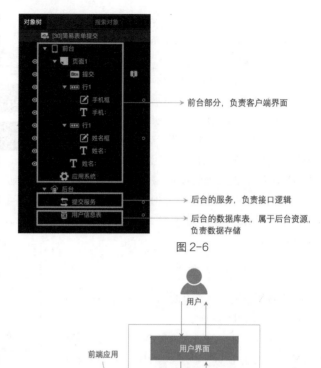

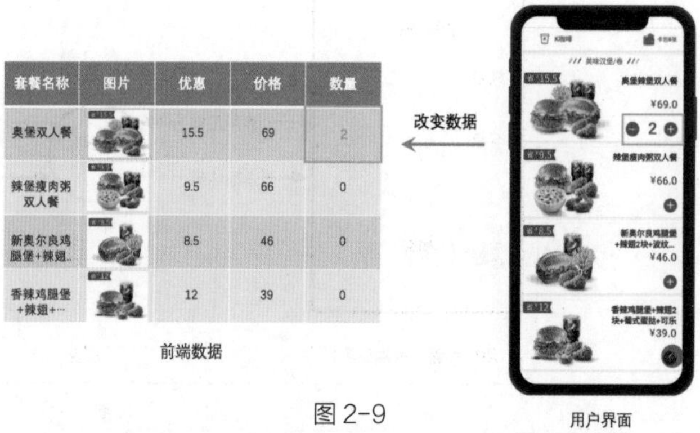

前台部分，负责客户端界面

后台的服务，负责接口逻辑

后台的数据库表，属于后台资源，负责数据存储

图 2-6

图 2-7

套餐名称	图片	优惠	价格	数量
奥堡双人餐		15.5	69	0
辣堡瘦肉粥双人餐		9.5	66	0
新奥尔良鸡腿堡+辣翅		8.5	46	0
香辣鸡腿堡+辣翅+…		12	39	0

前端数据

显示数据 →

图 2-8

用户界面

套餐名称	图片	优惠	价格	数量
奥堡双人餐		15.5	69	2
辣堡瘦肉粥双人餐		9.5	66	0
新奥尔良鸡腿堡+辣翅		8.5	46	0
香辣鸡腿堡+辣翅+…		12	39	0

前端数据

改变数据 →

图 2-9

用户界面

前端数据可以分为"临时的前端数据"与"持久化的前端数据"。临时的前端数据,在每次应用打开时就会重新清零,仅在应用运行时有效;持久化的前端数据,会存储在客户端设备的存储设备中,在下一次打开应用时依然存在。在开始应用开发之前,必须对这两种数据的概念非常清晰。

在网页应用中,大多数数据都是临时的前端数据。比如,打开百度,搜索一个内容,百度的页面会返回一个搜索结果的列表,这个结果列表就是以"搜索结果内容"这个前端数据为基础显示的。此时,如果重新刷新浏览器,再次打开百度,之前的搜索结果就会被清空,必须再次搜索才能获取之前的列表。每次搜索,其实就是浏览器从百度服务器获取搜索内容数据后,通过用户界面显示出来的过程。由于浏览器的设计初衷是浏览互联网的内容,因此在浏览器中运行的网页应用的大多数数据都是临时数据。临时数据的好处是每次都是实时从服务端获取,内容可以实时更新。为了提升用户体验,浏览器在发展的过程中也添加了持久化数据的存储方法,包括 Cookie、localStorage 和 sessionstorage,但这些存储方法并不能存储大量的数据,通常只是用来存储一些用户状态信息,如用户的身份令牌,用户的浏览记录等。

网页应用中也存在持久化类型的数据。比如,登录 iVX 平台后,第二次刷新浏览器,依然在登录状态,不需要重新输入用户名密码。这是因为第一次登录工具之后,工具会存储用户身份令牌信息至浏览器,第二次刷新工具后,工具会自动用这个身份令牌信息去服务器换取用户信息。浏览器存储用户身份信息的方式是 Cookie,可以理解为存储在浏览器内部的一个小文件,这个文件在刷新页面或重新打开浏览器时,会一直存在。

临时数据和持久化数据的概念很容易理解,但在真正开始应用开发时,初学者还是容易混淆这两个概念。比如做一个点赞的 H5 应用,很多初学者会直接使用一个前端的计数器组件,点击一个按钮,让这个计数器加 1,每次点击按钮,点赞数就加 1。可是当重新刷新应用时,整个点赞数就归零了,这是因为计数器只是一个前端组件,其依赖的数据也是前端临时数据,每次刷新浏览器,数据就清零了。因此,如果想制作点赞的效果,则要依赖后台数据。

2. 后台数据

后台数据,就是存储在应用服务端的数据。与前端数据不同,大多数后台数据,都是持久化的数据,即不会随着应用的刷新或重启而清零的数据。这些持久化的数据,基本上都存储在数据库[①]中。

数据库本质上是在后台服务器运行的一个数据管理程序,可以用来存储、修改、查询数据。可以把它想象成安装在远程服务器的一个 Excel 软件。当然,在后台运行的数据库管理程序不是 Excel,而是 MySQL、MariaDB、Redis、MongoDB、Cassandra、Oracle 等各种不同的数据库管理程序,它们本质上和 Excel 是一样的,只是拥有更强大的数据处理功能。

数据库中存储的数据,提供了每个应用的公共的数据基础。以之前提到的点赞应用为例,如果将点赞数量这个数据存储在前端,无论是临时前端数据还是持久化的前端数据,其都不能在不同的客户端之间共享。比如,将点赞数量存储在浏览器的 Cookie 里,使其成为一个持久化的前端数据,再次打开应用,这个赞数依然存在。但是,如果换一个用户打开应用,因为浏览器里并没有之前存储的 Cookie,所以看到的赞数依然是 0。

因此,前端数据,无论是临时的还是持久化的,都是存储在每个客户端设备中的,设备与设备之间的前端数据是不共享的。但后台数据,由于是存储在服务端,而每个应用的后台服务端是统一的(都存储在远程机房中的服务器电脑中),所以可以实现不同客户端之间的数据共享。

在点赞的例子中,如果使用后台数据存储赞数,就可以实现不同的客户端设备之间共享这个赞数数据,并可以修改数据(点赞触发赞数加 1),如图 2-10 所示。

---

① 数据库:英文是 Database,因此也经常会称之为 DB。请记住 DB 或 db 这个简称,之后会经常和它打交道。

尽管大多数的后台数据都是数据库中的持久化数据，在搭建后台服务的时候，依然会涉及临时数据，即在后台计算中临时存储的中间状态的数据。可以把它们理解成后台服务器在计算过程中的草稿。

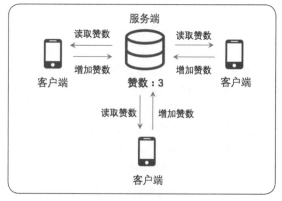

图 2-10

2.1.3 认识网页浏览器

网页浏览器，常被简称为浏览器，是一种用于检索、展示及传递网络信息资源的应用程序。常见的浏览器有 IE、Chrome、Firefox、Safari。此外，微信中也内嵌了浏览器，因此可以在微信中直接打开、浏览和分享网页应用。用 iVX 开发的应用便可在这些浏览器中打开。为便于零基础的读者理解，下面简单讲解浏览器的工作模式。

1. 浏览器打开网页应用的方式

先来看应用打开时，浏览器具体做了什么，如图 2-11 所示。

当在浏览器的地址栏中输入网址时，浏览器会自动根据这个网址，去远程服务器请求相关的网页文件。服务端收到浏览器的请求后，会返回这个网址对应的网页文件。浏览器收到网页文件后，会进行解析并运行这些网页文件。

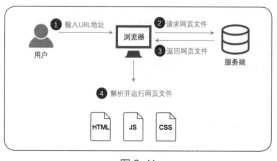

图 2-11

通常情况下，网页文件包括了 HTML 文件、JS 文件和 CSS 文件。其中，HTML 文件负责描述整个网页应用的基本骨架结构，JS 文件负责指定网页应用的交互逻辑，而 CSS 文件负责描述网页应用的样式。

当浏览器收到网页文件，并完成解析过程后，网页应用就可以正式在浏览器中运行起来了。这个过程，其实和在手机应用市场下载 App、安装 App、打开 App 的过程类似，只是对于浏览器来说，每次打开一个网页应用，都需要重新从远程服务端请求网页文件并安装，而不是像手机 App 一样，安装过一次后，应用文件就一直在手机端，直到删除应用为止。

浏览器之所以使用这种实时安装的方式，是由于浏览器设计的初衷是实时浏览大量的互联网上的网页信息，这些网站无时无刻不在更新，如果每浏览一个网站就要保存其网页文件，那电脑硬盘很快就会被占满。随着云计算的发展，在浏览器中能够做的事情也越来越多，不仅仅是单纯地浏览网页，而是在浏览器中使用一个软件应用(比如 iVX 编辑器在线版，就是一个在浏览器中运行的复杂应用)。但无论网页应用多复杂，浏览器的基本工作原理还是保持不变的，依然是实时获取网页文件并解析安装。

2. 应用打开后浏览器的工作方式

当一个应用运行起来之后，在大多数情况下，浏览器需要持续与后台服务端进行通信交互，如图 2-12 所示。比如，用户玩一款小游戏，游戏结束后如果想查看排行榜，那此时就需要请求服务端去获取最新的游戏排行信息。

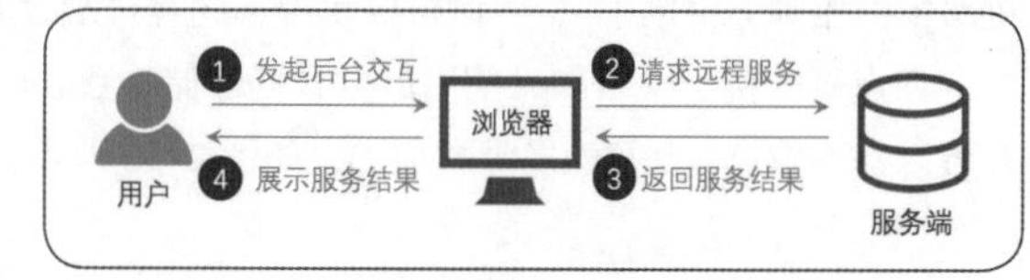

当用户通过用户界面发起任何需要与后台通信的交互，比如搜索一个新的关键词、提交会议报名信息、发起一个打车的订单等，浏览器就会向服务端发起一个服务请求，告知服务端有哪个用户，请

![图 2-12 示意图]

图 2-12

求了一个什么具体的服务，以及这个服务的参数是什么(服务的参数，即用户提供的信息，比如搜索的关键

词是什么，打车的目的地是什么等)。服务端处理这个服务请求后，会返回服务的结果，如搜索的结果列表、打车发单是否成功等，然后浏览器会根据预先指定的逻辑将服务的结果显示给用户。

当浏览器打开一个应用后，就可以使用这个应用了，此时不需要和远程服务端有任何的交互，即使断网了也可以正常使用网页应用。比如点开一个单机版网页游戏，然后断网，不要关闭浏览器，会发现之前打开的游戏还是可以继续玩的，原因就是此时浏览器已经在本地安装了这个小游戏的程序，而这个小游戏在运行时并没有依赖额外的后台交互。在使用一个网页应用的过程中，用户通常会发起多次远程交互的请求，极少有应用是打开之后就可以断网使用的。

2.2 创建 iVX 应用

2.2.1 IDE 开发环境

通过浏览器输入网址 https://editor.iVX.cn/，进入 iVX 在线集成开发环境 (Integrated Development Environment，IDE)，下文简称"编辑器"。

进入 iVX 编辑器后，可单击右上角"登录 / 注册"进行账号登录或者注册，此时会打开登录界面，如图 2-13 所示。登录账户后，在进行应用开发时，系统将会自动保存应用开发进度。

图 2-13

2.2.2 新建应用

打开 iVX 编辑器即可新建一个应用或选择一个最近编辑的应用打开。比如，新建一个应用，并把它重命名为"我的第一个应用"，如图 2-14 所示。

单击"创建"按钮后，应用会在 iVX 编辑器内自动打开，如图 2-15 所示。

图 2-14

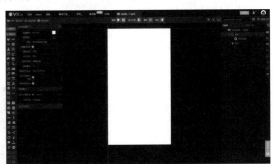

图 2-15

2.2.3 选择应用类型

本节将详细介绍每一种类型应用的区别，以及应该怎样选择需要创建的应用类型。

iVX 应用目前有 3 个基础类型：Web App/ 小程序、小游戏、微信小程序，分别对应新建对话框中 3 个可单击选中的矩形框。其中，Web App/ 小程序适用范围最广，可发布为 Web、H5、各类小程序和原生 App；小

游戏 (2D/3D) 和微信小程序 (原生组件) 是使用微信提供的原生组件进行编译，如图 2-16 所示。

图 2-16

每一种类型的应用的基本开发模式是一致的，不同的应用类型拥有不同的组件集与配置设定。因此，应用一旦创建，就不能改变应用类型，需要在开发之前，就决定创建的应用类型。

1. Web App/ 小程序

Web App/ 小程序类型的应用，以下简称为 Web App，本质即网页应用，可以发布为纯网页应用或通过 iVX 平台提供的打包服务，打包为各种小程序 (目前支持微信、支付宝、钉钉) 及原生应用 (iOS、Android、Windows/macOS)。无论是小程序，还是原生应用，iVX 平台的打包服务都是通过浏览器嵌入的方法，将制作的页面嵌入至其他应用中。同时，iVX 提供了各种系统接口层，可以在应用中调用小程序或原生应用提供的接口，如地理位置、设备接口、文件接口等。

在创建 Web App 时，可以选择"相对定位"的舞台或"绝对定位"的舞台，如图 2-17 所示。其中，"相对定位"的舞台，舞台和页面默认为相对定位环境，即流式布局；"绝对定位"的舞台，舞台和页面默认为绝对定位环境，即由用户手动指定每个对象的位置。

选择舞台的布局类型

图 2-17

技术看板: 有关"相对定位"和"绝对定位"布局的说明

无论是"相对定位"还是"绝对定位"的舞台，默认创建时，舞台大小都为 375*667，即手机屏幕大小。可以通过工具栏右上角的舞台大小切换按钮，将应用调整为电脑或 iPad 屏幕的大小，制作相应场景的应用，如图 2-18 所示。

图 2-18

在发布应用时，可以选择任意一种系统支持的应用类型，如图 2-19 所示。

2. 小游戏

小游戏 (2D/3D)，是小程序平台新推出的一种小程序的特别类型 (在申请小程序时，需要将类型申请为游戏类，方可上传小游戏)。

小游戏可以选择 2D 或 3D 类型，2D 类型的小游戏，其内部是一个纯画布环境，3D 类型的小游戏，其内部是一个 3D 世界。由于在创建小游戏 (2D/3D) 时必须指定一种环境类型，因此只能创建纯 2D 或纯 3D 的小游戏，无法嵌套，如图 2-20 所示。

图 2-19

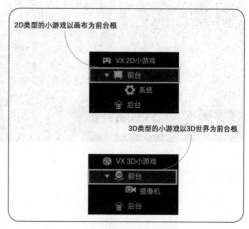

图 2-20

小游戏除了可以上传至微信平台，也可以直接发布为网页应用，在浏览器中打开与传播，如图 2-21 所示。

3. 微信小程序

微信小程序 (原生组件)，是一种特有的微信小程序类型。其组件使用了小程序提供的原生组件及在此基础上扩展的组件。此种类型的小程序和第一种 Web App 版本的小程序各有优势，可以根据自己的需求选择需要制作的小程序类型。

原生组件的微信小程序与微信小游戏类似，也可以直接上传至小程序平台，或直接发布为网页应用 (H5)，如图 2-22 所示。

iVX 平台创建微信小程序有两种选择，第一种是通用的 Web App，第二种是原生组件的微信小程序。要了解这两种小程序的区别，先来了解一下微信小程序的原理，如图 2-23 所示。

微信小程序是微信开发的一套应用平台，其主要由三部分组成：微信内置浏览器；内置 JS 解析引擎；原生微信 App 应用通信层。其中，内置浏览器负责界面的渲染，JS 解析引擎负责逻辑的处理，两者通过原生 App 实现通信层交互。微信这样设计的初衷是将界面的渲染及逻辑的运行分离，以更好地控制应用结构的整洁性，并在一定程度上提高应用性能。

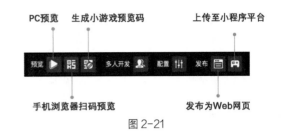

PC预览　生成小游戏预览码　　上传至小程序平台

手机浏览器扫码预览　　　　发布为Web网页

图 2-21

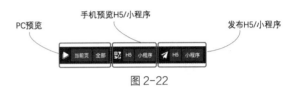

PC预览　　手机预览H5/小程序　　发布H5/小程序

图 2-22

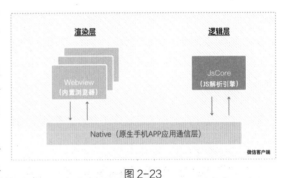

图 2-23

另外，微信小程序也进一步提供了网页浏览器组件 (WebView)，可以直接嵌入一个在线的网页应用。此时，UI 的渲染和 JS 逻辑的解析就和普通网页应用一样，全部在浏览器中实现。

因此，微信小程序提供了两种应用实现的方法，一种是使用默认的系统 (渲染与 JS 解析分离)，一种是使用 WebView 嵌入。这两种实现的方法，对应了 iVX 中两种类型的小程序，其中第一种对应微信小程序 (原生组件)，第二种对应通用的 Web App 发布的微信小程序。

了解了两种小程序的原理之后，再来对比一下两者。

原生微信小程序的核心优势：①支持个人版小程序的发布，由于 WebView 组件仅对企业版小程序开放，因此个人所有者申请的小程序无法使用。如果要以个人名义发布一个小程序，只能使用原生组件的微信小程序。②支持一些原生小程序 UI 组件的嵌入，如直播组件、广告组件，这些组件是小程序在 WebView 之外提供的组件，不能被嵌入在网页中，只能通过原生的小程序组件添加。③首屏加载更快，由于 Web App 版小程序需要通过网页组件加载远程的 URL 地址。因此，初次打开小程序时，有一个额外的加载过程，而原生小程序组件的应用包，是直接上传至小程序平台，微信会自动进行缓存，因此首次打开应用会快 2 ～ 3 秒钟。

Web App 版小程序的核心优势：①支持动效、时间轴动画，由于微信小程序原生组件的 UI 渲染与逻辑引擎的分离，导致其动画控制性能较差，大多数动画都明显卡顿，无法商用。因此，在原生微信小程序中去掉了动画相关功能，但在 Web App 版本的小程序中，由于其本质就是一个网页应用，自然就支持所有网页应用中的动画功能。②可动态更新，不用二次审核，由于 Web App 小程序的本质是在小程序中嵌入了一个网页，所以只要发布网页版本的应用，小程序内容就自动更新了，不需要通过二次审核。③支持画布与 3D 世界，尽管原生小程序组件也提供了画布接口,但其功能非常基础,无法做到 iVX 提供的各种画布与 3D 世界对象。因此,画布和 3D 世界相关的功能只有在 Web App 版的小程序中才有,如做一个打印画布的海报生成功能,只能使用 Web App 版小程序。④更丰富的扩展组件,原生小程序由于在网页开发中添加了诸多限制,许多扩展组件需要重新开发,且开发难度较大,因此 Web App 有更加丰富的扩展组件。

两者的性能对比:经过多番测试,在应用运行时并未发现 Web App 版小程序和原生组件小程序的区别,不过由于 Web App 版本小程序支持更丰富的浏览器接口(原生小程序特意封禁了许多浏览器接口),其整体的应用体验更加流畅。

2.3 认识编辑器界面功能与分区

iVX 编辑器界面分为几个区域:舞台;"组件"面板;"对象树"面板;"属性"面板;"菜单"栏;"逻辑工具"面板。以下将以创建一个默认设置的 Web App 为例,对 iVX 编辑器界面的主要区域进行介绍。

2.3.1 舞台

iVX 编辑器中间的白色区域即为舞台,是整个编辑过程的展示界面,用户可以在上面预览页面的布局和样式、动效及动画的播放等,如图 2-24 所示。

图 2-24

舞台并不是一个纯粹的展示窗口,通过舞台还可以实现应用交互并使得应用开发更加便捷。

(1) 选中对象。单击可选中舞台上可见的元素,选中的元素会直接反馈到"对象树"面板和"属性"面板上,对应的组件会在"对象树"面板中被选中,同时"属性"面板也将切换为被选中的组件面板。

(2) 调整元素位置和尺寸。舞台中的元素处于"相对定位"环境时，位置相对固定，只能通过外边距进行位置的调整；如果处于"绝对定位"环境 (如 H5 应用环境、画布等) 时，可以直接在舞台中通过拖曳改变它们的位置和尺寸。

(3) 菜单。在舞台选中对象后，单击鼠标右键，会显示菜单，其中包括"复制""剪切""粘贴""删除""重命名""跨应用复制"选项，如图 2-25 所示。

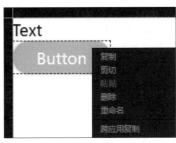

图 2-25

2.3.2 "组件"面板

在 iVX 编辑器界面中，最左侧区域为"组件"面板，又称组件栏，如图 2-26 所示。

在组件栏中的小图标则为组件，这些组件都有特定的功能和用法。例如，需要在舞台区中添加图片，就在组件栏中找到"图片"组件，单击后即可添加至舞台区域。

了解 iVX 组件的功能及使用方法是利用 iVX 进行开发的基础。iVX 平台中的组件类型丰富，包括基础网页应用、小程序应用、小游戏应用的基础元素组件，以及一些动效组件等。iVX 组件并不限于 UI 元素，还包括后台组件，可编辑的逻辑、服务、数据库等，具体的使用方式本书后续将会详细讲解。

iVX 组件中的基础组件相同，仅在不同类型应用下略有不同。用户在使用中如果遇到不会使用的组件，可以将鼠标悬停在组件上几秒便会出现"查看详情"提示，单击即可查看该组件的使用文档，了解其功能，如图 2-27 所示。

图 2-26

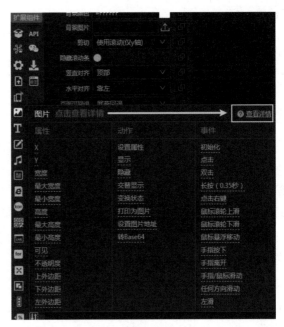

图 2-27

2.3.3 "对象树"面板

"对象树"面板位于 iVX 编辑器界面的最右侧，如图 2-28 所示。

"对象树"面板是 iVX 编辑器中直观呈现案例数据结构、管理对象的可视化体系。它具有非常强大的功能，尤其当案例中添加了数量众多的对象，数据结构繁杂时，借助"对象树"面板可以更好地管理对象。在 iVX 中，"对象树"面板分为"前台"和"后台"两个部分，"前台"为应用中可视的部分，各种页面的组件和模块都放在"前台"这个根目录下方；"后台"则专门用于存放数据库，以及提供前后台沟通的服务等，该部分主要是抽象的功能，并不具有可视的实体。

"对象树"面板除了可视化呈现案例结构外，还可通过它对对象进行重命名、移动、复制、粘贴和删除等操作。

"对象树"面板中的对象之间一般会存在以下两种特殊的关系。

图 2-28

1. 层级关系

层级关系是指对象之间的相对次序，即在"对象树"面板中的排列顺序。层级关系在"相对定位"环境和"绝对定位"环境的表现会有较大差异。

在"相对定位"环境下，层级关系影响到的是两个对象之间的位置关系，按照对象所处级别进行排列，层级处于"对象树"面板中更下方的对象排列在更前面（在"前台"面板的正常排列是从上到下，对象层级在下方的会显示在更上面的位置）。

在"绝对定位"环境下，组件的位置排列是不会互相挤压的，因而层级关系不会影响到两个组件之间的位置关系，层级体现的影响为对象的 Z 轴相对位置，即对象发生重叠时，层级高的对象将遮盖层级低的对象。调整层级会影响存在重叠关系的两张图片谁显示在上方。

2. 父子关系

父子关系是指对象之间的相对归属关系，也就是使用某个对象容纳其他对象。例如，在"对象树"面板中，可以直观地看到"前台"组件相对于所有对象有一个缩进关系，单击前方的小三角图标，"前台"组件将发生折叠，此时其他对象也会被折叠起来，它类似于一个盛放其他对象的文件夹。这种包含、从属关系就称为父子关系，所有对象都可被视为"前台"的子对象，"前台"为其父对象。

父对象的位置、是否可见等属性都被子对象继承，可用于对一组对象进行统一管理、容纳，避免对象毫无组织地散落在"前台"中，从而形成逐级嵌套、统一管理的更为规范合理的数据结构。

并非所有对象都可充当父对象，在 iVX 中，通常只有容器类组件(前台、行、列、容器组……)可充当父对象。当某对象处于选中状态时，新添加的组件将成为其子对象。

2.3.4 "属性"面板

当通过舞台或"对象树"面板任意选择一个对象时，可以看到组件栏右侧将对应显示该对象的"属性"面板，如图 2-29 所示。

图 2-29

一般情况下对象拥有多种属性，比如表示位置信息的"X 坐标""Y 坐标"，表示尺寸属性的"宽度""高度"等；在"属性"面板中可以编辑这些属性，改变当前对象的外观或者对应功能。

2.3.5 "菜单"面板

菜单面板，又称菜单栏，位于 iVX 编辑器界面的顶部，主要分为左、中、右三个区域，如图 2-30 所示。

图 2-30

菜单栏左侧主要包含文件操作、文件保存、后端资源管理、前端资源管理等功能，如图 2-31 所示。

菜单栏中部主要包含对应用的预览、发布与配置操作等功能，如图 2-32 所示。

图 2-31

图 2-32

菜单栏右侧主要功能为应用的对齐、等间距、舞台(画布)大小、辅助线可视，以及舞台缩放大小的设置，如图 2-33 所示。

图 2-33

2.3.6 "逻辑工具"面板

"逻辑工具"面板主要用于为对象添加事件，自定义函数，还包含了动作组、服务等交互逻辑功能，如图 2-34 所示。

图 2-34

2.4 认识 iVX 组件

2.4.1 组件分类

在 iVX 应用开发中，所有交互、动画、数据都需要以组件为基础，通过组件之间的编排完成。例如，"图片"组件可以容纳图片素材，"音频"组件可以容纳音频素材。

iVX 组件分为前端组件、数据组件和后台组件。

- 前端组件多为容器和可视化组件，如页面、行、列、文本、按钮、图片等。前端组件按适用环境也可分为通用、Web 环境、原生小程序、画布环境和 3D 环境。
- 数据组件中包含各类数据变量，在前后台均可添加，并不具有可视的实体。
- 后台组件多为数据库、服务和接口类抽象组件，并不具有可视的实体。

当在"对象树"面板选中"前台"根时，左侧组件栏会自动显示在当前前台环境下可用的组件。同理，选中"后台"根时，左侧组件栏会显示后台可用的组件。

2.4.2 组件添加

1. 前台组件

(1) 页面添加。

页面是一种分页单元，能把某个区域分为多个互相层叠的页面，进行翻页展示，如图 2-35 所示。

页面可以被添加在前台、容器 (对象组) 等父对象下，不能添加在行 (列)、横幅、面板、层等对象下。添加时需先选中"前台"根或一个父容器，再单击组件栏中的"页面"组件，即可完成添加，如图 2-36 所示。

图 2-35

图 2-36

被添加的页面会作为一个对象实例显示在"对象树"面板中，按照添加次序被默认命名为"页面 1""页面 2""页面 3"……在"对象树"面板中进行拖曳，可调节页面次序，越靠下的页面越先显示，与其名称无关，如图 2-37 所示。

页面的大小由其父对象容器大小决定：如果该父对象为全屏对象，则页面相应覆盖整个屏幕；如果该对象为局部对象，则页面仅覆盖相应区域。新增的页面本身未设置背景颜色，因此舞台中并没有明显变化，当为页面设置不同的背景颜色后，便可在舞台中看到效果，如图 2-38 所示。

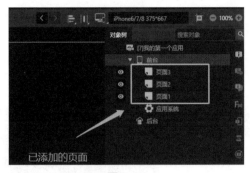

图 2-37

图 2-38

页面作为父对象容器，在页面内可添加更多内容，如文本、图片、按钮和变量等。

(2) 行添加。

"行"是一种相对定位容器，允许内部元素横向排列并自动换行，常用于实现响应式布局、多终端页面的建构。

添加行时可以进行以下设置：行中可以添加图片、文字等多种子对象，子对象自动进行横向排布；默认采用流动式布局，即当某行剩余空间不足以容纳该行最右端子对象时，对象自动换行；行中可以添加其他行、列、绝对定位容器等，实现嵌套布局；行允许依照设备环境设定不同的宽度值，实现自适应布局。

在绝对环境和相对环境中，组件添加方式略有不同。绝对环境中选择页面后，单击"行"组件，鼠标指针将会切换成绘制模式，需要用鼠标绘制出该组件的大小；在相对环境中，选择页面为父对象后，直接单击"行"组件，该元素将会自动添加至父对象中，此时该行的宽为父对象的最大宽度，也就是宽度为 100%，高度则为默认值。

用户可以手动修改行的高度和宽度，输入具体数值并在后面加上单位 %(相对于父对象高度的百分比) 或 px(固定像素值)，如图 2-39 所示。如果参数为空则不做定义，视为"自动包裹内容"。

为绝对定位 Web 应用中添加"行"组件的方式，如图 2-40 和图 2-41 所示。

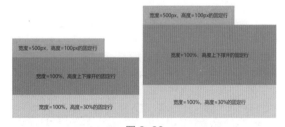

图 2-39

图 2-40

图 2-41

为相对定位 Web 应用中添加"行"组件的方式，如图 2-42 和图 2-43 所示。

图 2-42

图 2-43

从对比中可以看出，前台组件在绝对定位下是蓝色的，而在相对定位下是白色。在绝对定位下添加组件是需要在舞台上拖曳绘制的，而相对定位下添加组件不需要在舞台上拖曳绘制大小和位置。

(3) 列添加。

"列"是页面布局的重要元素，其内部元素是以相对定位的方式进行排列，使用列可以实现元素内容纵向展示，同行一样用来包裹其他组件对象，如图片、文本、视频等。

列的添加方法和行非常相似，列的宽度和高度可设置为固定值(像素)或固定百分比(相对于父对象高度的百分比)。如果参数为空不做定义，视为"自动包裹内容"。

列常与循环创建组件搭配使用，用以创建列表。例如，建立商品列表，如图 2-44 所示。

为绝对定位 Web 应用中添加"列"组件的方式，如图 2-45 和图 2-46 所示。

图 2-45

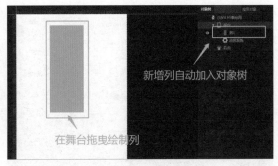

图 2-46

图 2-44

为相对定位 Web 应用中添加"列"组件的方式，如图 2-47 和图 2-48 所示。

图 2-47

图 2-48

(4) 文本添加。

"文本"组件用于插入文本对象，以记录并显示一段文本。"文本"组件可以包含在绝对定位和相对定位容器中，通过行和列的位置控制使文本跟随行和列进行展示。

为绝对定位 Web 应用中添加"文本"组件的方式，如图 2-49 和图 2-50 所示。

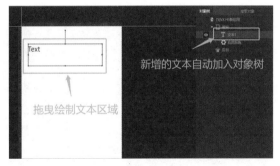

图 2-49

图 2-50

为相对定位 Web 应用中添加"文本"组件的方式，如图 2-51 和图 2-52 所示。

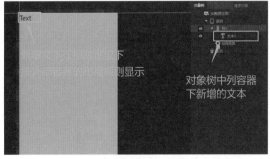

图 2-51

图 2-52

(5) 按钮添加。

"按钮"组件一般用于用户交互，进行某些信息的提交、确认或取消等。例如，用户输入信息后的"确认"登录按钮、填写申请资料后的"提交"按钮。

按钮的基本特性包括：可识别点击、长按、手指按下、手指离开等用户行为，触发其他动作；具有可定义的外观，包括按钮本身的样式、提示图标样式及提示文字；可将其设为透明按钮，覆盖在任意对象上方，充当交互按钮。

为绝对定位 Web 应用中添加"按钮"组件的方式，如图 2-53 和图 2-54 所示。

图 2-53

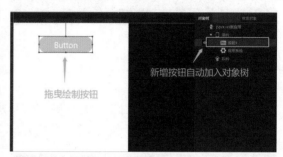

图 2-54

为相对定位 Web 应用中添加"按钮"组件的方式，如图 5-55 和图 2-56 所示。

图 2-55

图 2-56

(6) 图片添加。

"图片"组件用于在当前页面中插入图片。

添加的图片具有以下基本特性：支持 jpg、jpeg、png、gif 格式的图片素材，使用 gif 原生动画素材可实现一些简单的动画效果；具有可调节的大小、位置及外观属性；图片素材可来自本地上传或使用网络图片，以 URL 或 Base 64 方式进行访问，通过重新定义"素材资源地址"属性，可在不改变图片对象当前属性的条件下替换图片素材。

为绝对定位 Web 应用中添加"图片"组件的方式，如图 2-57 ～图 2-60 所示。

图 2-57

图 2-58

图 2-59

图 2-60

为相对定位 Web 应用中添加"图片"组件的方式，如图 2-61 ～图 2-63 所示。

图 2-61

图 2-62

图 2-63

通过上述例子可以看出，不管是在"绝对定位"还是在"相对定位"环境下，iVX 组件的添加方式都是非常相似的，只需从左侧单击需要的前台组件，并按照界面提示继续操作即可。

2. 数据组件

数据组件（又称数据变量、数据结构组件）可在前台和后台使用。常用的数据组件有文本变量、数字变量、一维数组、二维数组和对象数组等组件。

数据组件的添加方式非常简单，只需在左侧组件栏单击数据组件，如图 2-64 所示。

由于数据不具有可视的实体，因此不会显示在舞台中，只会在"对象树"面板内看到新增内容。

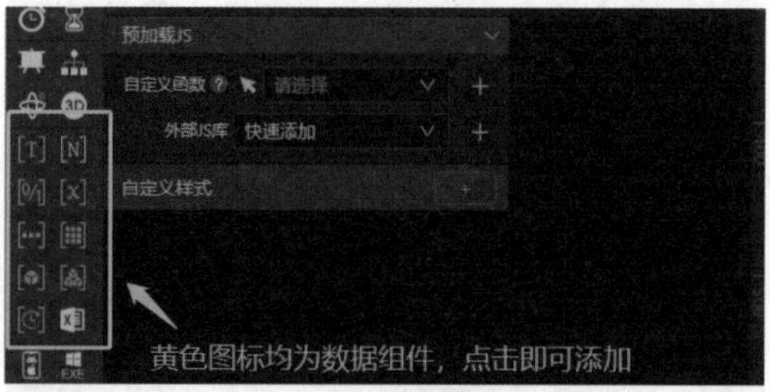

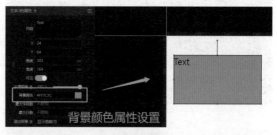

图 2-64

3. 后台组件

后台组件的添加方式与数据组件的添加并无太大区别，需要先选中"对象树"面板的"后台"根，再从左侧组件栏单击后台组件完成添加。

以后台的"私有数据库"组件为例，iVX 后台组件的添加方法基本相同，如图 2-65 和图 2-66 所示。

由于后台组件不具有可视的实体，因此不会显示在舞台中，只会在"对象树"面板内看到新增内容。

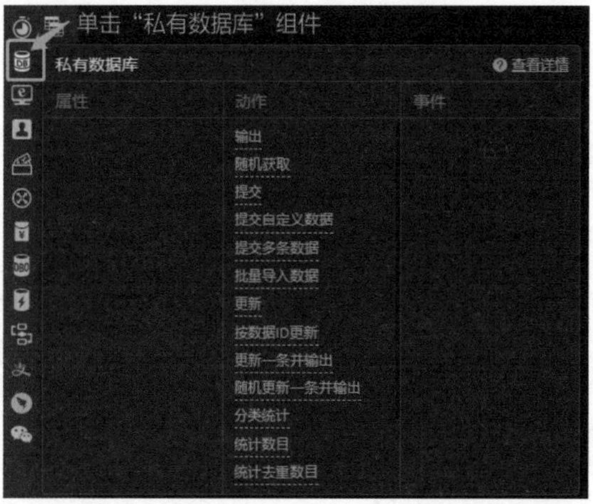

图 2-65

图 2-66

2.4.3 组件要素

了解组件的要素，是使用 iVX 进行无代码开发的基础。组件的三要素如下。

1. 组件属性

属性是组件的三要素之一，组件被添加至"对象树"面板后，单击选中添加的组件对象，这时界面左侧会显示所选组件对象的属性面板。

公用属性：宽度、高度、可见性、背景颜色和边框这些都属于前端可视组件的公有属性，如图 2-67 所示。不论是图片或是文本，这些公用属性的设置方法都是一致的。

非公用属性：不是每个组件都通用的属性，如"文本"组件有字体属性，可以设置文本的字体、字号等，如图 2-68 所示。图片属性有资源地址，可以从本地上传图片或绑定已上传的图片地址。

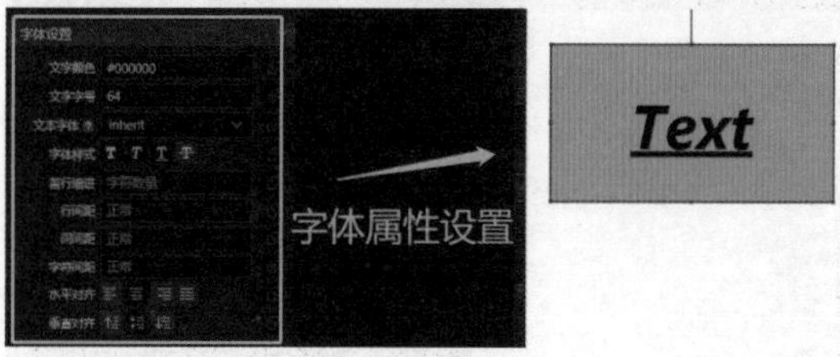

图 2-67

图 2-68

属性面板中提供了非常多样化的属性类别，使组件的使用具有非常高的自由度，可实现精细的效果设定。

2. 组件事件

事件是组件的三要素之一，当选中"对象树"面板中的组件对象并单击添加事件按钮，界面左侧会显示出所选组件的事件面板，如图 2-69 所示。

在事件面板中，可以设置和规定某一事件被触发，后续发生的动作及这些动作执行的顺序。每个组件可被触发的事件不一样，如在"按钮"组件的可选事件中，最常用的是"点击"事件，如图 2-70 所示。

图 2-69

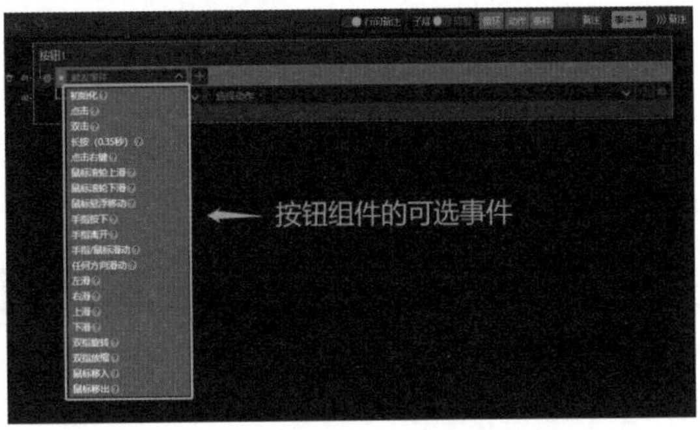

图 2-70

3. 组件动作

动作是组件的三要素之一，当一个组件对象被设置为某事件 / 服务 / 动作组的目标对象时，需要选择该对象在事件触发时要执行的具体动作。"按钮"组件可选的动作，如图 2-71 所示。

动作可以看作是某一主体对触发对象、触发事件的响应。当一件事件 / 服务 / 动作组被触发后，所有后续发生和执行的内容都可以称作动作，它可以是一个赋值的过程，也可以是某个组件的隐藏。

动作包含了交互中的两个要素——目标对象和目标动作。其中，目标对象为该动作的主体，如图 2-72所示。左侧的"图片"，目标对象是可以从"对象树"面板中选择和更换的，目标动作就是该动作的具体内容；右侧的可选项，每个目标对象支持触发的动作不同，其动作执行效果同字面意思，非常易懂。用户如遇不解之处，可将鼠标移至右侧问号处，即可查看更多介绍。

图 2-71

图 2-72

iVX 中不仅提供了丰富的组件资源，还支持开发者上传自定义组件库。在开发和学习过程中如遇问题，可将鼠标指针停留在组件栏的组件图标上，便可查看该组件的三要素和介绍。

2.5 应用预览和发布

在 iVX 中，应用的开发环境 (即预览环境) 与生产环境 (即发布环境) 是严格分离的，这样做的目的是保证线上发布应用的安全，不会由于预览环境中的问题而影响到投放中的应用。同时，由于发布环境中的应用会有更多的访问，所以后台系统在发布环境中也要有更高的配置，以及更严格的运行环境检查。

应用预览与发布的对比：第一，预览使用的数据库是预览数据库，而发布使用的是发布数据库，它们是相互独立的，以保证开发和生产数据隔离；第二，预览版中的信息并不会被加密，便于开发调试；第三，发布版会嵌入统计服务，预览版没有；第四，预览的执行文件包含了 iVX 中所有的组件，发布后没有使用的组件会被剔除，所以发布后应用的访问速度也会提升很多。

2.5.1 应用预览

使用预览功能可以生成一个专用于预览的项目版本，可完整呈现当前编辑所产生的实际效果，以供调试。该预览版本带有预览版图文字样和访问次数上限，不能直接用于传播或服务，仅供开发者测试使用。如果超过访问次数，预览版本将无法打开，想要再次访问需要重新为预览编译一个新版本。

iVX 针对不同的开发环境提供了多种预览方式，为了确保案例能够在其将来要运行的环境中正常运行，一定要选取适合这个案例的预览方式，如图 2-73 所示。

图 2-73

1. 计算机端预览

单击 ▶ 按钮，系统将自动进行编译，编译完毕即可自动在当前浏览器窗口中打开一个新的标签页并自动展示当前页预览效果；若单击 ▶ 按钮，则为预览全部操作，计算机端浏览器会默认打开最下方的页面。

2. 二维码预览

单击 按钮，系统将自动进行编译，编译完毕后即在当前编辑窗口打开一个二维码，用户可以通过使用移动设备扫码体验效果。

3. 小程序 / 小游戏预览

单击 按钮，编辑器会弹出一个二维码进行微信登录授权，授权成功后 iVX 开始编译。编译完毕，编辑器会再次给出一个用于在微信上预览的二维码，通过微信扫描该二维码即可在微信环境下进行预览，此种方式能够最真实地提供运行测试结果和调试信息，是开发小程序 / 小游戏中最为推荐的预览方式。

2.5.2 应用发布

在 iVX 中，可将应用发布为 Web 网页应用、微信小程序、支付宝小程序、钉钉小程序、字节跳动小程序、iOS/Android App，以及 Windows 桌面应用。选择需要发布的类型后，进行发布所需的必要配置，用户只需跟随系统提示操作即可。

发布成功后，可以通过发布版地址或二维码进行测试。发布版地址中自带一个 URL 参数，如 "?version=1"，代表版本号 1，每次发布版本号会自行增加。

发布版本同样有固定的播放次数，如 100 次（以 iVX 官网最新标准为准），当超过这个次数，该版本将无法打开了。因此，发布版仅供生成环境测试使用，切勿作为正式分享 / 投放的地址。如果需要无限制地访问应用，开发者可在工作台上架应用（会产生云计算相关服务扣费），或导出应用部署至私有服务器。

第 3 章

基础开发教程

3.1 Hello iVX

3.1.1 学习目标

(1) 对组件、事件、"对象树"面板、对象层级有基本的概念。

(2) 掌握事件、"对象树"面板、"属性"面板的基本操作方法。

(3) 能够制作页面切换、改变页面颜色的应用。

(4) 完成如图 3-1 所示的应用制作。

3.1.2 操作流程

1. 添加页面

打开 iVX 编辑器,选择第 1 种"Web App、小程序",将下方的定位环境选择为"绝对定位",在应用名称处填入 Hello iVX,单击"创建"按钮,一个全新的应用就创建好了,如图 3-2 所示。

在"对象树"面板中,选中"前台"根,然后单击左侧组件栏中的"页面"组件,如图 3-3 所示。此时"对象树"面板中会新增一个"页面 1";在"对象树"面板中继续选中"前台"根,再次单击左侧组件栏中的"页面"组件,可以发现"对象树"面板中又增加了一个"页面 2"。

2. 添加按钮

在"对象树"面板中选中"页面 1",单击左侧组件栏的"按钮"组件,鼠标指针变成 + 图标,按住鼠标左键在舞台中任意绘制一个区域,区域内会出现一个按钮,并且在"对象树"面板的"页面 1"也新增了一个"按钮 1",如图 3-4 所示。

现在大家更能理解"对象树"面板的功能了:记录当前开发环境中每一个添加的组件,并以树状结构进行可视化的展示。

按照之前在页面中添加按钮的方法在"页面 1"下再添加一个按钮,单击舞台下的任意按钮,可以发现"对象树"面板中对应的组件变成了选中的状态。接下来在舞台上长按组件并拖曳,按钮的位置会随着拖曳发生变化,舞台左侧的属性面板中 X、Y 两项的值也一直在变化。

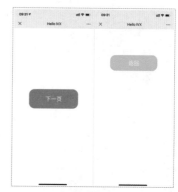

图 3-1

图 3-2

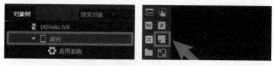

图 3-3

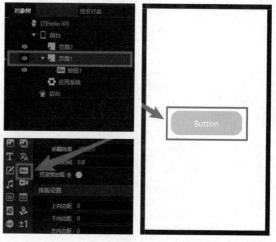

图 3-4

当选中按钮后，按钮的四个角和边框出现了可以调整其大小的操控点，用户可以选中任一操控点去调整按钮的大小，此时左侧属性面板中的"宽度""高度"也会随之发生变化；同样的，如果修改属性面板中 X、Y 或"宽度""高度"的值，舞台中组件的位置和大小也会随之改变。

选中某一个按钮，在左侧属性面板中选中"按钮文本"的输入框，可在其中输入按钮的文字内容，选中按钮属性面板中的"背景颜色"属性，在弹出的颜色对话框中选择适合的颜色，如图 3-5 所示。

此时大家加深了对舞台功能的理解：可以便捷地修改"绝对定位"下组件的宽高位置，并且查看案例的大致样式。

使用设置"按钮文本"和"背景颜色"的方法，将一个按钮的"按钮文本"内容设置为"下一页"，将另一个按钮的"按钮文本"设置为"返回"，并各设置一个颜色，在舞台中可以查看设置的大致效果，如图 3-6 所示。

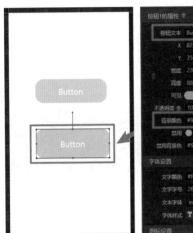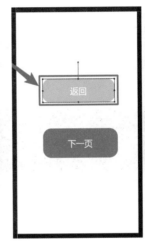

图 3-5   图 3-6

返回"对象树"面板，可以发现按钮的名称已经修改为"按钮文本"对应的名称。如果想要修改按钮名称，可以双击"对象树"面板中的组件，或在"对象树"面板的组件上单击鼠标右键，在弹出的菜单中选择"重命名"选项，输入其他名称即可，如图 3-7 所示。

在"对象树"面板中，选中"返回"按钮，长按鼠标左键并向上拖曳，将"返回"按钮拖曳至"页面 2"下（当"页面 2"底色变成黄色时，松开鼠标左键），此时"页面 1"的舞台中已经看不到"返回"按钮了，当选中"对象树"面板中的"页面 2"时，"返回"按钮又出现了，如图 3-8 和图 3-9 所示。

图 3-7   图 3-8   图 3-9

3. 预览应用

选中"页面1",单击菜单栏中间的预览区域,预览包含"当前页""全部"和H5预览等多种方式,如图3-10所示。单击"全部"按钮,弹出"预览"对话框,提示编译完成,单击"确定"按钮,浏览器会自动打开一个全新的页面,刚才添加的按钮也显示在其中。

图 3-10

用户还可以按快捷键F12,在弹出的对话框中,选择"打开开发工具"选项,打开浏览器的开发者工具。单击"切换设备仿真"按钮(移动端预览模式),会出现与编辑器中舞台的效果一样的页面,如图3-11所示。单击H5按钮预览,使用手机扫描二维码后,可在手机上查看效果,与在舞台中的效果也完全一致。

图 3-11

4. 添加事件

为页面添加单击按钮时跳转页面的功能。返回编辑器页面,在"对象树"面板中,选中"下一页"按钮(或者直接在画布中单击"下一页"按钮),单击"对象树"面板右侧的逻辑组件栏中的第一个"事件"图标,此时编辑器左侧会弹出事件面板,如图3-12所示。

图 3-12

在"触发事件"的下拉菜单中,选择"点击"选项,在"选择对象"前会出现一个箭头图标,单击后会发现右侧的"对象树"面板出现了框线。在"对象树"面板中,选择"前台"根,在"选择动作"的下拉菜单中,选择"跳转到页面"选项,此时下方"页面"右侧又出现了一个箭头图标,这意味着可以选择一个"对象树"面板的组件,这里要选择一个具体的页面,在"对象树"面板中,选择"页面2"即可,如图3-13所示。

图 3-13

此时,我们完成了一个事件的完整编辑,从事件面板中可以阅读一下程序逻辑,即当"下一页"按钮被单击的时候,让"前台"跳转至"页面2"。

在iVX中,小到页面制作,大至管理系统,都是由一个个事件组成的,它是程序核心逻辑的表达,也就是所说的保留程序逻辑,去除程序语法。

用同样的方法,可以为"页面2"中的"返回"按钮添加事件,让其被单击时,跳转到"页面1",如图3-14所示。

图 3-14

再次进行案例预览,此时就完成了单击按钮即可切换页面的效果。iVX 集成了 IDE 编程的优势,用户不用配置任何参数,用浏览器打开编辑器就可以编程,组件拖曳就完成了 UI 的搭建,选择之间就完成了程序逻辑的编写,最后单击发布就完成了一个 Web App 的制作。用户不用再考虑环境搭建、服务器部署、后台维护等事宜,专心于程序本质即可。

至此,我们已经完成了 Hello iVX 页面的全部制作流程。

3.1.3 课后习题

(1) 在 Hello iVX 案例的任意页面中添加一个"文本"组件。

(2) 将文本的内容修改成"iVX 我来了"。

(3) 将文本的文字修改成自己喜欢的颜色。

(4) 将文字字号改小一点。

(5) 为文本添加一个事件:双击文本,让文本隐藏。

3.2 我的绝对定位贺卡

3.2.1 学习目标

图 3-15

(1) 对"绝对定位"环境有基础的认识。

(2) 了解"绝对定位"中坐标系的概念。

(3) 掌握"绝对定位"中的对齐方式。

(4) 进一步掌握通过属性面板设置样式的方法。

(5) 掌握对象层级关系。

(6) 完成如图 3-15 所示的贺卡制作。

3.2.2 操作流程

1. 创建应用

打开 iVX 编辑器,选择第一种"Web App、小程序",将下方的定位环境选择为"绝对定位",并在"应用名称"处填入"我的绝对定位贺卡",单击"创建"按钮,一个全新的应用就创建好了,如图 3-16 所示。

选中"前台"根,添加一个"页面"组件,并在"对象树"面板中双击"页面 1",将其名称修改为"贺卡页",在左侧属性面板中,将"背景颜色"设置为 #B60B0A,如图 3-17 所示。

图 3-16

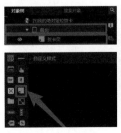

图 3-17

2. 制作贺卡上半部

我们先来制作"贺卡页"上半部分的页面效果，包含两片祥云、4 个灯笼、1 个横批，如图 3-18 所示。

选中"贺卡页"，单击组件栏中的"图片"组件，在舞台的左上角任意绘制一个区域，绘制结束会弹出对话框示意用户选择一张图片上传，选择素材文件中的"左云朵"图片，单击"打开"按钮，图片即可填充进绘制好的图片框中，如图 3-19 所示。

图 3-18

图 3-19

> ❗ 小提示：如果用户没有进行实名认证，在上传图片时会弹出要求实名认证的提示对话框，点击"确定"按钮，在新打开的实名认证页认证后，再重新上传图片即可。若实名认证后仍旧无法上传，可以保存当前文件，关闭浏览器，重新登录即可。

将图片组件重命名为"左上祥云"，随手绘制的图片框导入素材后可能会有不同程度的变形，也可能并没有贴合整个画布的左上角，这时就需要通过拖曳边角或者在属性面板进一步微调图片。当图片的属性中 X、Y 为 0，"宽度""高度"为 300px 和 90px 时，图片有了一个比较好的展示效果，如图 3-20 所示。

图 3-20

右侧的祥云采用与左侧同一张图片，并水平翻转 180°，可以将"左上祥云"图片复制一份（按快捷键 Ctrl+C 或是在"对象树"面板的图片组件上单击鼠标右键，在弹出的菜单中选择"复制"选项），并在"贺卡页"下粘贴（注意这里必须要选中"贺卡页"再进行粘贴操作，否则在图片下是没有办法再粘贴一个图片的；粘贴可以按快捷键 Ctrl+V 或是在"对象树"面板的"贺卡页"上单击鼠标右键，在弹出的菜单中，选择"粘贴"选项），如图 3-21 所示。

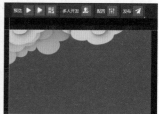

图 3-21

接下来选中粘贴出来的"左上祥云"，将其重命名为"右上祥云"，并在左侧属性面板中将"旋转设置"中的"Y 轴旋转"设置为 180°。此时，用户会发现"右上祥云"图片并没有出现在舞台右侧，那是因为图片默认的原点在左上角，旋转 180° 后就位于舞台外侧了。这里直接设置 X 坐标为 375，就可以看到翻转后的"右上祥云"图片了，如图 3-22 所示。

图 3-22

在"贺卡页"上再添加一个"图片"组件，上传素材文件中的"黄灯笼"图片。"黄灯笼"图片的原始宽高为 86px×140px，在"黄灯笼"图片的属性面板中将变形的宽高值改为 86px×140px，单击宽高属性左侧的锁链图标，锁定宽高比，锁定后再调整图片大小就是等比缩放了。当图片调整到"宽度"为 67px、"高度"为 109px 时，达到了较好的视觉效果，如图 3-23 所示。

将刚调整好的"黄灯笼"图片复制一份，选中舞台上复制出来的"黄灯笼"图片，长按鼠标左键进行拖曳，将其拖曳到舞台的右侧。在拖曳的途中可能会不小心修改了"黄灯笼"图片的 Y 轴，这里分享几个"绝对定位"中的组件对齐方式。

第一种方式是设置属性。选中第一个"黄灯笼"图片，查看它的 Y 坐标，再选中复制出来的"黄灯笼"图片，为其设置相同的 Y 坐标值，如图 3-24 所示。属性是可以批量设置的，大家可以按住 Ctrl 键或 Shift 键多选"对象树"面板中的组件，选中后进行统一的设置。

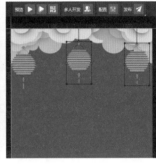

图 3-23　　　　　　　　　　　　　　　　　　　　　　　图 3-24

第二种方式是使用键盘控制。选中复制出来的"黄灯笼"图片，然后按键盘中的"↑↓←→"方向键，可以发现图片属性中的 X、Y 坐标也在发生变化，如果一直连续地按"→"方向键，就可以保证复制出来的图片和初始的图片保持同一 Y 坐标了。

第三种方式是使用对齐模式。多选需要对齐的组件，展开舞台右上方的对齐方式下拉菜单，其中有多种对齐模式可以选择，这里选择"顶部对齐"即可，如图 3-25 所示。

用同样的方式，上传"红灯笼"图片的素材。注意"黄灯笼"图片和"红灯笼"图片的大小是一致的，为了避免再次调整图片的大小，可以先复制一个"黄灯笼"图片，再在属性面板更换它的素材资源地址，单击"素材资源地址"右侧的上传图标，即可选择并上传替换图片，如图 3-26 所示。

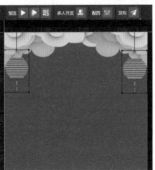

图 3-25　　　　　　　　　　　　　　　　　　　　　　　图 3-26

复制一个"红灯笼"图片到合适的位置，这里为了看起来尽可能地对称，可以进行一些简单的计算。例如，固定好了第一个"红灯笼"图片的位置后，可以看看左侧的"红灯笼"图片和左侧"黄灯笼"图片 X 坐标的差值，那么右侧的"红灯笼"图片的 X 坐标就是右侧的"黄灯笼"图片 X 坐标减去这个差值，就可以得到完全对称的位置了，如图 3-27 所示。

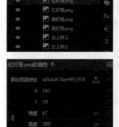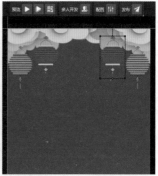

图 3-27

在"贺卡页"再次添加一个"图片"组件，上传素材文件中的"狗年吉祥标语"图片，并将图片组件重命名为"横批"。同样地，使用固定宽高比的方式调整"横批"的大小和位置，最终在 X 为 46、Y 为 11、"宽度"为 285px、"高度"为 106px 时，获得了较好的视觉效果，如图 3-28 所示。

图 3-28

3. 制作贺卡中间部分

接下来，制作"贺卡页"中间部分的页面效果，包含两个花枝，1 个背景装饰，一些中文字体，如图 3-29 所示。

不同的手机，屏幕的宽高是不同的，这就导致了如果全部固定了 UI 元素的位置，有些手机中会无法显示全部的画面内容，有些手机中画面又会显得十分紧凑，因此制作者需要对布局进行自适应调整。这里分享移动端经典的三端自适应的布局方法，即将整个布局分为上中下三个部分，每个部分使用局部的自适应保证不同屏幕的手机中图片的完美显示。

图 3-29

要做到局部的自适应，就需要用到拥有局部自适应属性的组件，这里先为大家介绍"横幅(绝对定位)"组件。

在"贺卡页"中添加一个"横幅(绝对定位)"组件，如图 3-30 所示。

图 3-30

横幅组件默认的"整体布局"属性位于"左上",故刚刚添加的横幅固定在舞台的左上角,将其"整体布局"改为"中心",可以发现横幅组件已位于舞台中心的位置,如图 3-31 所示。

将横幅组件的名称重命名为"中侧区域",并在"对象树"面板上方进行环境切换,将舞台的大小切换为 iPhoneX 的屏幕大小,可以发现舞台高度变高了,但是横幅还是位于舞台的正中心,如图 3-32 所示。

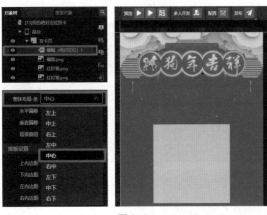

图 3-31   图 3-32

将"中侧区域"横幅的宽高均设置为 0px,并在其内添加一个"图片"组件,上传素材文件中的"便签背景素材"图片,重命名为"背景装饰",将其 X 坐标设置为 –130,Y 坐标设置为 –450,"宽度"设置为 260px,"高度"设置为 663px,如图 3-33 所示。

新添加的"背景装饰"图片遮挡住了之前制作好的上半部分内容,可以通过设置组件的堆叠次序设置组件之间的层级关系。全选之前创建的上侧区域上半部分内容,在属性面板将其"堆叠次序"设置为 10(只要比横幅的"堆叠次序"高即可),如图 3-34 所示。

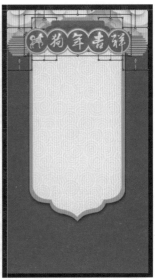

图 3-33   图 3-34

选中到"中侧区域"横幅，在其内添加一个"图片"组件，上传素材文件中的"左樱花"图片，重命名为"左侧桃花"，同样可以先设置图片的原始宽高，锁定比例后再去调整大小。在实例中，将图片的 X 坐标设置为 –235，Y 坐标设置为 –130，"宽度"设置为 138px，"高度"设置为 230px，如图 3-35 所示。

这样设置后，会发现桃花挡住了部分"背景装饰"，要让其位于"背景装饰"之后，还是要通过设置"堆叠次序"控制组件的层级关系。选中"背景装饰"图片，将其"堆叠次序"修改为 1，如图 3-36 所示。

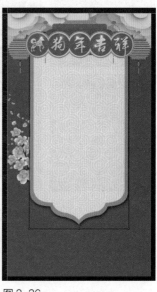

图 3-35　　　　　　　　　　　　　　　　　　　图 3-36

右侧桃花和左侧桃花是对称的，利用之前制作祥云的技巧，将其复制，修改名称为"右侧桃花"，并设置 Y 轴旋转为 180°，然后设置它的 X 坐标即可，如图 3-37 所示。

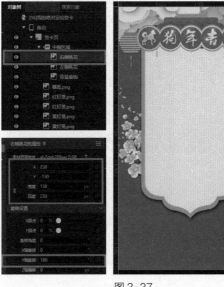

图 3-37

通过设置多个图片的 X、Y 坐标，大家对"绝对定位"布局有了一个基础的认知：通过固定的 X、Y 坐标，可以定义与父对象的相对位置；通过固定的宽、高值定义大小，并可通过鼠标拖曳改变位置；其组件完全脱离流式布局。

可以注意到，在"绝对定位"环境中的每一个组件，都拥有 X、Y 坐标的属性，如选中"左上祥云"，发现它的坐标是 (0，0)，是因为它的原点位于 (0，0)，即左上角，它的父对象是"贺卡页"，也就是整个舞台，所以当它的坐标设置为 (0，0) 时，就出现在了这个位置。

同样的，可以选中"背景装饰"图片，它的父对象是中间的绝对定位横幅，而这个绝对定位横幅宽高都设置成了 0px，实际就相当于是一个定位点，由于"中侧区域"横幅设置了"整体布局"为"中心"，故"中侧区域"横幅内的所有组件，都是基于中心点的相对位置，由于"背景装饰"图片的原点也在左上角，要让其位于页面的中心，其 X 坐标就要设置为"宽度"的一半，并添加符号 –，使其向左侧偏移。

在"中侧区域"添加 1 个"中文字体"组件，发现无法在图片中看到，因为它被"背景装饰"图片挡住了，将其"堆叠次序"设置得比"背景装饰"图片高即可，如图 3-38 所示。

复制几个"中文字体"组件，按住 Ctrl 键或者 Shift 键全选，将其"水平对齐"属性设置成居中，并选择对齐方式为"垂直等间距"，如图 3-39 所示。

分别在舞台中选中每个"中文字体"组件，设置它的内容为祝福的话语。如果要修改文字字体，可以在属性面板的"文字字体"属性中进行修改，如图 3-40 所示。

图 3-38

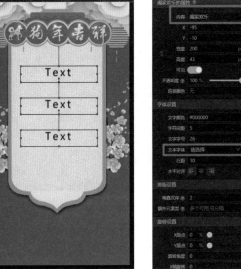

图 3-39

图 3-40

3.2.3 课后习题

(1) 仿照中间区域，完成贺卡下半部分页面效果的制作。

(2) 将"背景装饰"图片的 X、Y 原点设置为中心 (50%，50%)，并通过设置 X、Y 坐标将其正确地显示在案例的中心位置，思考为什么 X、Y 坐标值发生了变化。

3.3 我的相对定位商品卡片

3.3.1 学习目标

(1) 对"相对定位"环境有基础的认识。

(2) 了解"相对定位"环境下的流式布局概念。

(3) 掌握"相对定位"中 UI 搭建的方法。

(4) 掌握"相对定位"中的对齐方式。

(5) 掌握边距的概念。

(6) 掌握"包裹"与"撑开"的概念。

(7) 完成如图 3-41 所示的商品页制作。

图 3-41

3.3.2 操作流程

1. 了解"相对定位"与"绝对定位"的区别

打开 iVX 编辑器，选择第一种"Web App、小程序"，选择下方的"相对定位"环境，在"应用名称"处填入"我的相对定位商品卡片"，单击"创建"按钮，如图 3-42 所示。一个全新的应用就创建好了。

选中"前台"根，在"前台"下添加一个"页面"组件，在"对象树"面板中双击"页面"组件，将其名称修改为"购物车"，如图 3-43 所示。

大家可能会发现，在"相对定位"布局下的组件变成了白色，而不是"绝

图 3-42

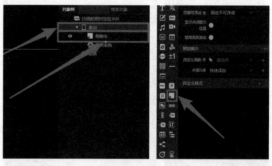

图 3-43

对定位"布局下的蓝色，这也可以辅助参考目前所处的定位环境。

在"对象树"面板中，选中"购物车"页面，在"购物车"页面下添加"文本"和"按钮"组件，如图 3-44 所示。

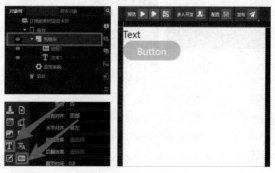

图 3-44

在"相对定位"环境下的组件不再自由绘制位置和大小，而是自动出现在了舞台中。在"对象树"面板中，选中"购物车"页面，继续随意地添加一系列媒体组件，会发现新添加的组件都自动出现在前一个添加的组件之下。

通过上述操作，大家理解"相对定位"原则的定义就更加简单了："相对定位"原则，即 HTML 天然的文档流，新添加的对象会从上到下或从左到右自动排列在舞台上。

那么，如何让组件从左到右自动排列在舞台上呢？这就需要使用布局组件了。在"购物车"页面下添加一个"行"组件，方法是在选中"购物车"页面的情况下，单击组件栏中的"行"组件，如图 3-45 所示。可以发现，由于选择的初始环境是"相对定位"环境，所以整个"购物车"页面也是满足"相对定位"原则的，新添加的"行 1"组件就出现在了之前添加的组件下侧。

选中新添加的"行 1"组件，在"行 1"组件内添加多个"文本"组件，如图 3-46 所示。

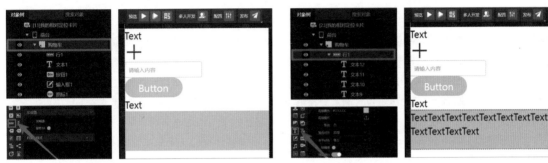

图 3-45   图 3-46

此时，所有新添加的文本都自动出现在了上一个文本的右侧，当"行"的宽度无法满足所有子元素的宽度之和时，就出现了自动换行，可以通过关闭"行"属性中的"自动换行"按钮，关闭自动换行的功能，如图 3-47 所示。

关闭"自动换行"后，超出部分的文本不再可见，可以通过设置"行"的"剪切"属性为"使用滚动 (仅 X 轴)"，使这个"行"组件产生横向滚动的效果，如图 3-48 所示。

图 3-47   图 3-48

接下来，在"购物车"页面下添加一个"绝对定位容器 1"组件，如图 3-49 所示。

可以发现"绝对定位容器 1"组件出现在了刚刚添加的"行 1"上方。选中"绝对定位容器 1"组件，组件栏中的组件变成了蓝色，这说明目前该组件内部为"绝对定位"环境，在"绝对定位容器 1"组件下添加一个"按钮"组件，如图 3-50 所示。

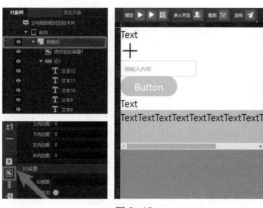

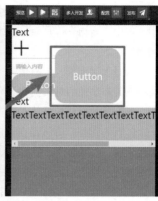

图 3-49 图 3-50

任意地将按钮绘制到刚刚添加的"相对定位"环境的组件上，会发现"相对定位"环境下的组件并没有受到挤压，这是因为在"绝对定位"原则中，通过固定的 (X、Y) 坐标可以定义与父对象的相对位置。所以，对于这个按钮来说，它的位置只由其父对象，也就是"对象树"面板中的"绝对定位容器 1"组件决定，这至少可以说明："绝对定位"和"相对定位"通常来说都是嵌套使用的，可以自由地在局部使用绝对或者相对定位进行 UI 搭建；若将"绝对定位"的父容器的宽高设置为 0px，则其父对象就变成了一个定位点，它的子元素都将基于这个点变成浮空的元素，不会和其他的对象产生挤压，进而实现非常多样的 UI 搭建。

"相对定位"具有丝毫不弱于"绝对定位"的特质，下面就让我们在完成本节 UI 制作的过程中进行体验和学习吧。

2. 制作商品页面

将"购物车"页面内的组件全部删除，可以在"对象树"面板中全选并按 delete 键或是单击鼠标右键，在出现的菜单中，选择"删除"选项，如图 3-51 所示。

将"购物车"页面的 UI 分为 4 个模块，分别为最上方的店名块，中间的购物车列表块，下方的失效商品块，底部的结算块，如图 3-52 所示。

图 3-51 图 3-52

可以注意到，整体的 4 个块是由上至下排列的，这刚好符合"相对定位"布局的原则，这也是为什么在创建案例的时候我们要选择"相对定位"环境的原因。

(1) 制作店名块。

店名块是由 1 个图片，1 个文本，1 个图标组成的，它们之间是横向布局的，所以先在"购物车"页面下方添加一个"行"组件，并在"行"组件中依次添加"图片""文本""图标"组件，如图 3-53 所示。

先设置"行 1"中三个媒体组件的属性，将"图片"组件的宽高均设置为 24px，并设置一个背景颜色，如图 3-54 所示。

图 3-53 图 3-54

对"文本"组件的内容进行修改，将"文字颜色"设置为 #333333，"文字字号"设置为 14，并将"字体样式"设置为加粗。完成这一步后，大家会发现文字紧紧挨着图片，可以通过设置该文本的"左外边距"值，让相对定位中的两个元素产生距离。外边距可以理解成对外的空气墙，它的大小也会影响到整个元素的大小，并且会对同级的其他元素产生挤压，如图 3-55 所示。

接下来将图标的"图标素材"设置为"右箭头"，宽高均设置为 15px，"图标颜色"设置为 #999999，然后将"图标"组件的"左外边距"设置成 180px，如图 3-56 所示。

 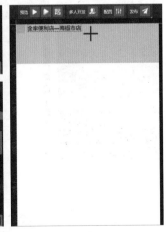

图 3-55 图 3-56

这样做又出现了一个问题，目前"图标"组件的"左外边距"180px 距离合适，是因为文本刚好是这个长度，如果文本的内容发生了变化，那么这个 180px 的左外边距就不一定适用了。可以将"右箭头"的"左外边距"归零，然后选中"行 1"组件，将它的"水平对齐"方式改为"等间距"，如图 3-57 所示。

图 3-57

"等间距"即让子对象的间距相等，现在"行1"中有3个子对象，故它就让3个子对象都等距离分布了。但是这个距离与目标效果还存在一定的差异，我们可以在"行1"下再添加一个"行"组件，并把"图片"和"文本"组件一并拖曳进去，将"右箭头"组件拖曳至外部"行1"的最上层，然后将内部"行1"的"宽度""高度"设置为"包裹"，如图3-58所示。

所谓"包裹"属性，就是像一块布将内部的元素紧紧包裹，对于"行"组件而言，它的高度就等于内部元素中高度的最大值，宽度等于内部元素的宽度之和。由于使用内部的"行1"将"图片"和"文本"组件变成了一个整体，对于外部的"行1"而言，内部就只有两个子对象了——"右箭头"和内部"行1"，于是内部"行1"和"右箭头"就分别位于外部"行1"的两侧了。

根据参考图，可以看出文字两侧还有部分边距，这里选中外侧的"行1"，为其设置12px的左、右内边距，如图3-59所示。

图 3-58

图 3-59

内边距，就是对其内部的元素进行挤压，它只会影响子对象的位置，不会影响同级对象的位置。

将外侧"行1"的"高度"改为40px，"背景颜色"改为白色，"竖直对齐"改为"居中"，如图3-60所示。将内部"行1"的颜色改成透明，"竖直对齐"改为"居中"，如图3-61所示。

图 3-60

图 3-61

这样，店名块的设置就完成了，将外侧"行1"重命名为"店名上侧"。

接着做店名块下侧的内容，如图3-62所示。

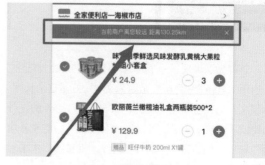

图 3-62

在"购物车"页面下添加一个"行"组件，重命名为"店名下侧"，并设置"高度"为28px，"背景颜色"为#FF3B30，如图 3-63 所示。

接下来在"店面下侧"行中添加一个"文本"组件，"内容"为"当前商户离您较远 距离130.25km"，设置"文字字号"为12，"字体颜色"为#FFFFFF。添加一个"图标"组件，设置"图标素材"为"关闭 1"，宽高均为15px，"图标颜色"为#FFFFFF。最后，将"店名下侧"行的"竖直对齐"设置为"居中"，"水平对齐"为"等间距"，左、右内边距为12，如图 3-64 所示。

图 3-63

图 3-64

在设计图中显示距离的文本始终应该居中，可以巧妙地使用等间距的功能实现。在"店名下侧"行中随意添加一个组件，并将其宽高均设置为 0px，让其在左侧占位（排在"店名下侧"行的最下层），这里添加了一个"文本"组件，在距离文本的左侧，然后将其内容清空并将宽高设置为 0px，如图 3-65 所示。

这样，就完成了店名块的制作。

(2) 制作购物车块。

接下来制作购物车块，如图 3-66 所示。

由于购物车块的每一块相互之间都是纵向布局，所以在"购物车"页面下添加一个"列"组件，"高度"设置为"包裹"，重命名为"购物车块"，如图 3-67 所示。

对于此类卡片而言，其中有非常多的布局都是类似的，最终也是由于实际的数据不同进行不同的显示，这类 UI 统称为"卡片"。制作卡片类的 UI，通常只制作其中最复杂的一个，其余部分用复制粘贴方式，替换内容即可。

本案例选择第 2 个购物车卡片进行制作，如图 3-68 所示。

图 3-65

图 3-66

图 3-67

图 3-68

对 UI 原型进行布局，对于整个购物车卡片来说，内部包含了 3 个块，3 个块之间是横向排列的，故整个购物车卡片是一个"行"，如图 3-69 所示。

因此，先在"购物车块"列中添加一个"行"组件，并将其命名为"购物车卡片"，如图 3-70 所示。

观察横向排列的 3 个块，其中第 1 个块为 1 个复选框，第 2 个块为 1 个图片，如图 3-71 所示。在这两个块中都仅有一个组件，故不再添加额外的"行"或者"列"组件，直接将对应的组件添加到"购物车卡片"的"行"中即可。

图 3-69

图 3-70

图 3-71

在"购物车卡片"行中，添加"复选框"组件，将复选框的宽高均设置为 20px，"背景颜色"设置为 #2E89F0，"勾图标颜色"设置为 #FFFFFF，"勾图标大小"设置为 10，"边框圆角"设置为 10px，如图 3-72 所示。

在"购物车卡片"行中，添加"图片"组件，将图片的宽高均设置为 64px，设置一个背景颜色，并将"左外边距"设置为 12px，如图 3-73 所示。

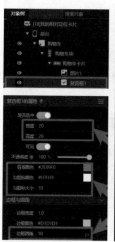

图 3-72

图 3-73

最右侧的块中又包含了 3 个小块，分别是商品名称、价格数量、赠品。这 3 个块之间是纵向排列的，故最右侧块为一个"列"，如图 3-74 所示。

图 3-74

在"购物车卡片"行中添加一个"列"组件，重命名为"右侧块"，如图 3-75 所示。

选中"右侧块"列，先为其添加一个"文本"组件，输入合适的内容并将"文字颜色"修改为 #333333，"文字字号"修改为 14，"字体样式"设置为加粗，如图 3-76 所示。

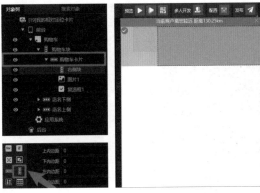

图 3-75

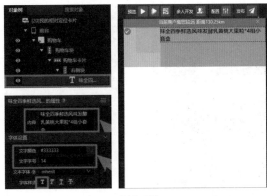

图 3-76

对于右侧块的中间部分而言，整体为横向布局，其内部左侧为文本，右侧为一个"图标 + 数字 + 图标"的组合，左右两侧呈等间距分布，如图 3-77 所示。

图 3-77

选中"右侧块"列，添加一个"行"组件，重命名为"价格数量"，并将其"高度"设置为"包裹"，如图 3-78 所示。

接着选中"价格数量"行，在其内部添加一个"文本"组件，将其"内容"修改为¥24.9，"字体颜色"设置为 #FF3B30，"字体字号"设置为 16，"字体样式"设置为加粗，如图 3-79 所示。

在"价格数量"行中再添加一个"行"组件，重命名为"数量控制"，宽高均设置为"包裹"，如图 3-80 所示。

图 3-78

图 3-79

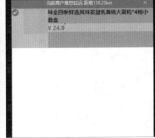

图 3-80

在"数量控制"行中依次添加"图标""文本""图标"组件，并将"图标"组件的宽高均设置为 24px，"图标素材"分别设置为"圆框加"和"圆框减"。将"文本"组件的"内容"设置为任意数字，"宽度"设置为 42px，"高度"设置为 24px，"文字颜色"设置为 #333333，"文字字号"设置为 16，"字体样式"为加粗。为了保证文字垂直居中，将"行间距"设置为 8，最后将"水平对齐"改为"居中"，如图 3-81 所示。

接下来，选中"价格数量"行，将它的"水平对齐"模式改为"等间距"，如图 3-82 所示。

图 3-81

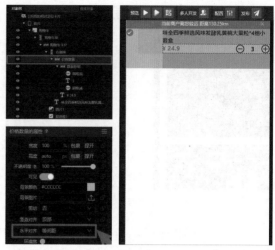

图 3-82

完成了价格数量块的制作，接着完成赠品块的制作。赠品块的内部包含两个文本，并且是横向排列的，如图 3-83 所示。

在"右侧块"列中添加一个"行"组件，并将其命名为"赠品"，宽高均设置为"包裹"，如图 3-84 所示。

在"赠品"组件中添加两个"文本"组件，选中第一个"文本"组件，将其名称修改为"赠品"，"高度"设置为 16px，"背景颜色"设置为 #FFF2E0，"文字颜色"设置为 #FF9500，"文字字号"设置为 11，"行间距"设置为 5，如图 3-85 所示。

图 3-83

图 3-84

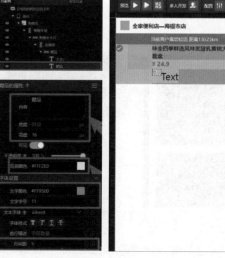

图 3-85

接着设置"赠品"文本的左、右内边距为4，"边框宽度"为1px，"边框颜色"为#FFD59A，如图3-86所示。

设置右侧的文本，随意设置一些文本内容，"文字颜色"设置为#999999，"文字字号"设置为12，"左外边距"设置为4，如图3-87所示。

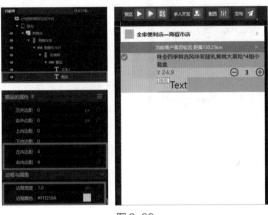

图 3-86   图 3-87

对"购物车卡片"行进行一些边距和对齐方式的设置，选中"购物车卡片"行，将其"高度"改为"包裹"，"竖直对齐"改为"居中"，并将上、下、左、右内边距设置为16，如图3-88所示。

选中"右侧块"列，将"左外边距"改为12px，如图3-89所示。

图 3-88   图 3-89

将"价格数量"行和商品名称文本的"下外边距"改为12px，如图3-90所示。

为了使每一个卡片更加明显，清空所有"行"的"背景颜色"，然后选中"购物车卡片"行，将其"边框宽度"改为1px，"边框颜色"为#EBEEF5，"边框位置"仅保留下侧，如图3-91所示。

图 3-90   图 3-91

这样，一个购物车卡片就做好了。选中这个卡片，在"购物车块"列中复制几份，如图3-92所示。

原始UI中第一个卡片是没有赠品的，在舞台中选中第一个卡片中的"赠品"行，单击"对象树"面板前面的眼睛图标，将其隐藏，如图 3-93 所示。

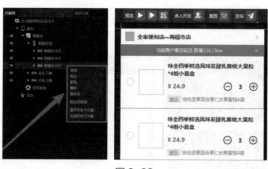

图 3-92

图 3-93

由于将"购物车卡片"行的"高度"设置为"包裹"，当内部的元素"高度"发生变化时，其外部的"高度"也能自动发生变化。这个特性是"绝对定位容器"组件所没有的，所以当遇到了整个块的外部大小无法确认，需要由内部元素动态决定时，就只能选择相对定位的组件进行 UI 制作。

(3) 制作失效商品块。

失效商品块左侧是一个文本，右侧是一个删除图标加文本块，整体是横向布局，并呈等间距分布。

制作时，先选中"购物车块"列，在列中添加一个"行"组件，重命名为"失效标签"，"高度"设置为 32px，"背景颜色"设置为 #F8F8F8，"水平对齐"方式设置为"等间距"，"竖直对齐"方式设置为"居中"，如图 3-94 所示。

选中"失效标签"行，添加一个"文本"组件，将其"内容"修改为"失效商品"，"文字颜色"为 #999999，"文字字号"为 12，如图 3-95 所示。

在"失效标签"行中再添加一个"行"组件，重命名为"失效标签右侧"，将其宽高均设置为"包裹"，如图 3-96 所示。

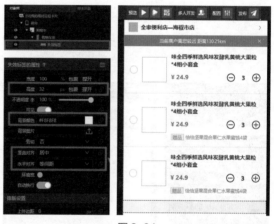

图 3-94

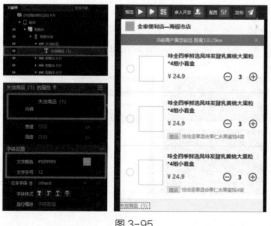

图 3-95

图 3-96

在"失效标签右侧"行中添加一个"图标"组件，将"图标素材"设置为"删除"，宽高均设置为 14px，"图标颜色"设置为 #999999，如图 3-97 所示。

在"失效标签右侧"行中再添加一个"文本"组件，仔细观察后可以发现它的样式和左侧的"失效商品"文本一致，这里直接将其复制一份再修改名称即可，如图 3-98 所示。

最后调整一下边距：对"清空失效商品"的文本设置 5px 的"左外边距"；将"失效标签"行设置 16 的左、右内边距，将"失效标签右侧"行的"背景颜色"清空，完成"失效标签"行的制作。

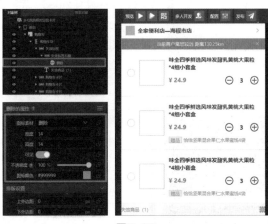

图 3-97   图 3-98

下方的失效商品列表与之前制作的"购物车卡片"类似，复制一个"购物车卡片"行并进行修改，将复制后的"购物车卡片"行重命名为"失效商品卡片"，如图 3-99 所示。

失效的商品不可以再被选中，直接在舞台中定位到复选框，将其删除。删除后右侧的内容往左平

图 3-99

移了，可以通过设置图片更大的"左外边距"占位。由于删除的复选框大小为 20px，这里就将图片原本的"左外边距"由 12px 增加到 32px，如图 3-100 所示。

选中"数量控制"行，将其替换成"文本"组件，文本的"内容"为"无货"，"文字颜色"为 #999999，"文字字号"为 14，如图 3-101 所示。

这样就完成了失效商品块的制作。

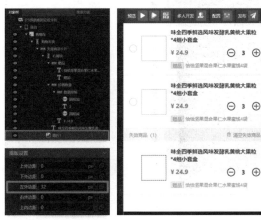
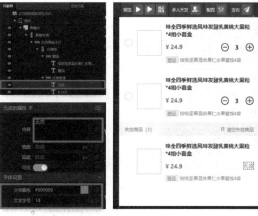

图 3-100   图 3-101

(4) 制作结算块。

最后制作结算块的 UI，如图 3-102 所示。

由于结算块里的元素都是横向布局的，且左侧
"全选"复选框和金额显示与右侧的"结算"按钮
呈水平的等间距分布。因此，在"购物车"页面下

图 3-102

添加一个"行"组件，将其重命名为"结算块"，"高
度"设置为 49px，"背景颜色"设置为 #F3F5F7，"竖直对齐"设置为"居中"，"水平对齐"设置为"等间距"，
如图 3-103 所示。

结算块的左侧是"全选"复选框和价格区域，在"结算块"行中添加一个"行"组件，将其命名为"全
选价格"，宽高均设置为"包裹"，将"竖直对齐"设置为"居中"，复制一个"购物车块"中已经设置好
样式的复选框并粘贴进来，如图 3-104 所示。

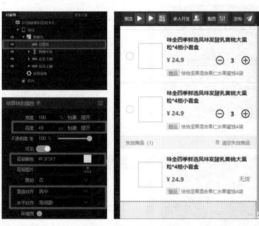

图 3-103

图 3-104

接着在"结算块"行中添加两个"文本"组件，第一个"文本"组件的"内容"设置为"全选"，将"文
字颜色"设置为 #333333，"文字字号"设置为 14，如图 3-105 所示。

第二个"文本"组件的"内容"设置为￥679.6，"文字颜色"设置为 #333333，"文字字号"设置为 18，"字
体样式"为加粗，"左外边距"设置为 20px，如图 3-106 所示。

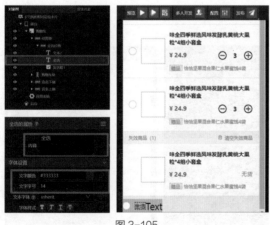

图 3-105

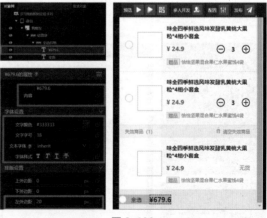

图 3-106

　　结算块的右侧是一个按钮，在"结算块"行中添加一个"按钮"组件，将按钮的文本设置为"结算 (5)"，"宽度"为 96px，"高度"为 36px，"背景颜色"为 #2E89F0，"文字字号"为 14，边框圆角为 2px，如图 3-107 所示。

　　将"结算块"行的左、右内边距设置为 16，将"全选价格"行的"背景颜色"清空，这样就完成了基本的"购物车"页面的制作了。不过现在的"购物车"页面还存在一个问题，将舞台的大小切换成 iPhoneX 的大小，可以发现结算块的下方存在留白，而在正常的应用中，结算块应该始终位于屏幕下侧，中间购物车块占据剩余屏幕的大小，并且如果商品种类较多，购物车块还应该可以滚动。

　　因此，需要设置"购物车块"的"高度"等于手机的高度减去剩余部分块的高度。选中"购物车块"列，将其"高度"设置为"撑开"，结算块将被自动撑到了底部。这就是撑开的属性，即撑开 = 父容器高 (宽) 度 – 同层元素高 (宽) 度之和。

　　由于"购物车块"列的父容器为页面，当其"高度"设置为"撑开"，那么它的"高度"就等于手机屏幕的"高度"减去"店名上侧"，减去"店名下侧"减去结算块的"高度"，如图 3-108 所示。

图 3-107

图 3-108

　　为了保证在商品种类较多的情况下，"购物车块"可以滚动，将"购物车块"列的"剪切"属性改为"使用滚动 (仅 y 轴)"，并隐藏滚动条，如图 3-109 所示。

　　随意地复制一些做好的卡片到"购物车块"中，可以发现中间的"购物车块"如预计的一样开启了滚动模式，用户也可以通过手机预览查看制作好的 UI 效果，如图 3-110 所示。

图 3-109

图 3-110

3.3.3 课后习题

　　使用"绝对定位"布局的方法制作"购物车卡片"和"失效购物车卡片"，并思考"绝对定位"和"相对定位"制作模式的差异和实际效果的优劣。

3.4 我的表单收集

3.4.1 学习目标

(1) 对组应用有基本的概念。

(2) 进一步掌握 UI 搭建的技巧。

(3) 完成如图 3-111 和图 3-112 所示的报名页和后台数据展示页的制作。

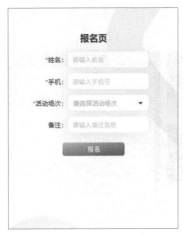

图 3-111

姓名	手机	活动场次	备注
暖阳	18123695487	A	
添加	18154896378	A	随便
数据测试	18154896329	A	随便
提交	18154896329	B	随便
提交结果	18154896321	B	随便
米花糖	18356896536	B	降温
小菊豆	18145878962	C	暂无
大脸喵	18148569872	A	测试数据
羊	18148125719	A	
阳光	18256987456	B	

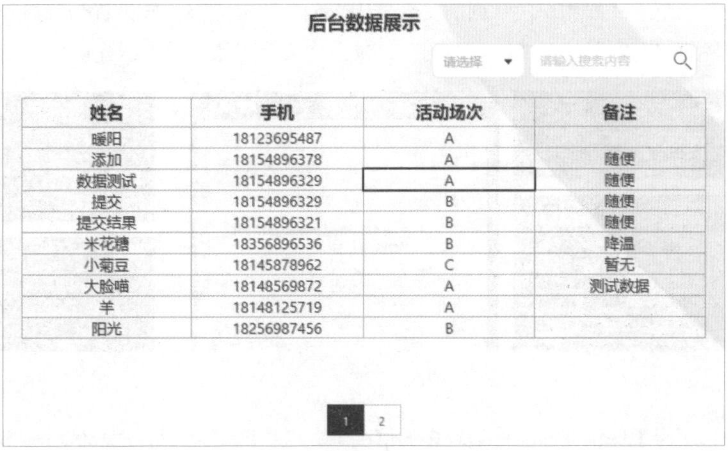

图 3-112

3.4.2 操作流程

1. 创建组应用

打开 iVX 编辑器，在“最近打开”列表中，选择一个创建过的案例，如“我的相对定位卡片”，如图 3-113 所示。

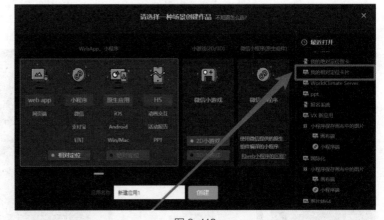

图 3-113

执行“文件” > “菜单组应用”命令，选择“新建组应用”选项，如图 3-114 所示。

在“新建组应用”对话框的“组应用标题”中输入“表单收集”文本，单击“确定”按钮，如图 3-115 所示。

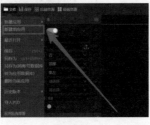

图 3-114

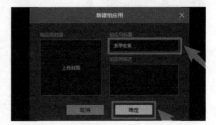

图 3-115

在弹出的新建应用对话框中，选择第一种"Web App、小程序"，选择下方的定位环境为"相对定位"，并在"应用名称"处填入"用户报名端"，单击"创建"按钮，完成组应用中第一个应用的创建，如图 3-116 所示。

相比一般的应用，组应用的菜单栏多了一个"组应用管理"的菜单选项，如图 3-117 所示。所谓组应用就是可以通过组应用数据库等实现数据在组应用间共享，对于多端需要数据共享的案例都可以采用这种方法构建。

此时，可以把之前用于创建组应用时打开的案例关掉了。

图 3-116   图 3-117

2. 制作报名页面

选中"前台"根，在"前台"下添加一个"页面"组件，并在"对象树"面板中双击"页面"组件，将其名称修改为"报名页"，如图 3-118 所示。

选中"报名页"，在"背景图片"中上传素材文件中的"背景图片"，并设置"上内边距"为 50，将"水平对齐"属性改为"居中"，如图 3-119 所示。

图 3-118   图 3-119

在"报名页"下添加一个"文本"组件，由于已经设置了页面的"上内边距"和"水平对齐"属性，可以发现文本出现在了上方水平居中的位置。将文本的"内容"修改为"报名页"，将"文字颜色"修改为 #032B77，"文字字号"设置为 20，"字体样式"为加粗，如图 3-120 所示。

图 3-120

每一条报名信息都是由左侧的文本和右侧的输入框组成的，文本和输入框呈横向布局，故每一条报名信息需要用一个"行"进行布局。在"报名页"下添加一个"行"组件，将其重命名为"姓名行"，将它的"高度"设置为"包裹"，清空"背景颜色"，将"水平对齐"和"竖直对齐"改为"居中"，如图 3-121 所示。

在"姓名行"中添加一个"文本"组件，将其"内容"修改为"* 姓名:"，将"宽度"设置为 90px，"文字颜色"设置为 #032B77，"文字字号"设置为 14，"水平对齐"方式改为右对齐，如图 3-122 所示。

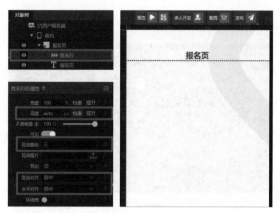

图 3-121   图 3-122

这时候发现 * 标和字体为一个颜色，如果要将它改成红色，可以使用文本高亮的属性进行设置。在文本的"高亮显示文本"属性中输入 *，文本中的 * 将高亮显示，将"高亮背景"清空，"高亮文本颜色"设置为 #FF6767，如图 3-123 所示。

完成了文本属性的设置，接下来在"姓名行"中添加一个"输入框"组件，将输入框的"宽度"设置为 180px，"高度"设置为 36px，"背景颜色"设置为白色，"提示文本"改为"请输入姓名"，将"提示文本颜色"设置为 #D3DBE9，"聚焦时边框颜色"修改为 #032B77，"文字颜色"也设置成 #032B77，如图 3-124 所示。

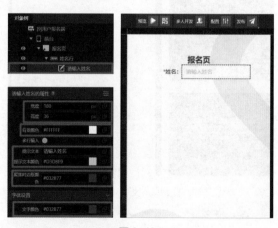

图 3-123   图 3-124

接着修改输入框的边框和圆角样式，将"边框宽度"设置为 1，"边框颜色"设置为 #EBEFF4，"边框圆角"设置为 8px，如图 3-125 所示。

图 3-125

这样"姓名行"内部元素的样式就设置好了。接下来，对"姓名行"的边距进行设置，选中"姓名行"，上、下各设置 5px 的外边距，如图 3-126 所示。

通过观察可以发现，报名页的信息有非常多可以复用的地方，将已经做好的"姓名行"复制，并在"报名页"下粘贴 3 份，如图 3-127 所示。

图 3-126

图 3-127

选中第一个粘贴出来的"姓名行"，将其重命名为"手机行"，并修改内部"文本"组件的"内容"为"*手机："，将输入框的"提示文本"设置为"请输入手机"，如图 3-128 和图 3-129 所示。

图 3-128

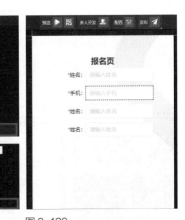

图 3-129

选中第 2 个复制出来的"姓名行"，将其重命名为"活动场次行"，将其内部的"文本"组件的"内容"修改为"* 活动场次："，并将输入框删除，添加"拓展组件"中"交互与表单"下的"下拉菜单"组件，如图 3-130 所示。

图 3-130

选中"下拉菜单"组件，将其"选项列表"修改为 A,B,C(注意逗号为英文半角符号)；将其"宽度"设置为 180px，"高度"设置为 36px，"文字颜色"和"图标颜色"设置为 #032B77，"提示语"修改为"请选择活动场次"；将"移入背景颜色"修改为 #CDCDCD，"选项文字颜色"修改为 #032B77，如图 3-131 所示。

图 3-131

使用复制粘贴方式修改"手机行"，将最后一行修改为"备注："，将输入框的"提示文本"设置为"请输入备注"，如图 3-132 所示。

接着在"报名页"下添加一个"按钮"组件，将"按钮文本"修改为"报名"，将"宽度"设置为 138px，"高度"设置为 32px，"背景颜色"设置为 #3B8AE8，"文字字号"设置为 14，并将"边框圆角"设置为 5px，如图 3-133 所示。

这样就完成了报名页的制作。

图 3-132   图 3-133

3. 制作后台数据页面

在菜单栏中选择"组应用管理"对话框中的"新建组内应用"按钮，在弹出的新建应用对话框中，选择第一种"Web App、小程序"，将下方的定位环境选择为"相对定位"，并在"应用名称"处填入"后台查看端"，单击"创建"按钮，如图 3-134 和图 3-135 所示。

图 3-134   图 3-135

选中"前台"根，在"前台"下添加一个"页面"组件，并在"对象树"面板中双击"页面"组件，将其名称修改为"信息查看页"，如图 3-136 所示。

图 3-136

选中"信息查看页"，在"背景图片"中上传素材文件中的"背景图片"，设置"上内边距"为 60，左、右内边距为 20，将"水平对齐"的属性改为"居中"，如图 3-137 所示。

可能有细心的读者发现了，组应用中的两个案例使用的是同一个"背景图片"，而"背景图片"中的值都是一样的。其实，也可以直接将"报名页"背景图中的地址值复制到"信息查看页"的背景图片中。

图 3-137

通过上方的导航栏切换到"用户报名端",将刚刚设置好样式的"报名页"文本复制一份,如图 3-138 所示。

再切换回"后台查看端",并在"信息查看页"下粘贴,如图 3-139 所示。

将文本的"内容"修改为"后台数据展示",如图 3-140 所示。

接着在"信息查看页"下方添加一个"行"组件,重命名为"搜

图 3-138   图 3-139

索行",将"高度"设置为"包裹",清空"背景颜色",并将"水平对齐"改为"居中",如图 3-141 所示。

图 3-140   图 3-141

"搜索行"的左侧是一个下拉菜单,右侧是一个输入框,这两个组件在"用户报名端"已经设置过样式了,直接切换到"用户报名端",将"请选择活动场次"下拉菜单和"请输入手机"输入框复制到"搜索行",如图 3-142 和图 3-143 所示。

图 3-142   图 3-143

选择"请输入场次"下拉菜单,将"宽度"改为 100px,并设置"右外边距"为 5px,如图 3-144 所示。

图 3-144

修改下拉菜单的属性，将"选项列表"修改为"姓名，手机，活动场次，全部"，将"提示语"修改为"请选择"，如图 3-145 所示。

将"请输入手机"输入框的"提示语"修改为"请输入搜索内容"，将"图标"设置为"搜索"，如图 3-146 所示。

图 3-145

图 3-146

在"信息查看页"添加一个"表格容器"组件，将"高度"设置为 300px，"表头字体大小"设置为 18px，"表头字体颜色"设置为 #032B77，"内部框线颜色"设置为 #ABB7D0，"选中框线颜色"设置为 #032B77，如图 3-147 所示。

接着在"表格容器"组件内部添加一个"文本"组件，将"文字颜色"设置为 #032B77，"文字字号"设置为 16，如图 3-148 所示。

图 3-147

图 3-148

虽然设置了表格的各项属性，但在舞台中还是无法看到直观的展示效果，这是因为"表格容器"组件是一个数据创建容器，它的界面是依托于数据的，在没有输入数据之前都不会有显示。

在"信息查看页"下面，添加一个"扩展组件"中"页面导航"下的"分页"组件，如图 3-149 所示。

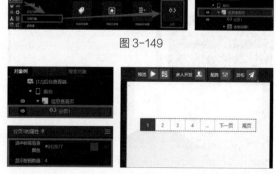

图 3-149

将"分页"组件的"选中标签背景颜色"修改为 #032B77，"显示按钮数量"设置为 4，如图 3-150 所示。

至此，完成了"表单收集"组应用的 UI 搭建，后续的实例中，将在此基础上完成功能设置。

3.4.3 课后习题

如果觉得系统自带的"搜索"图标不好看，想用自己绘制的图标替换，如图 3-151 所示，请大家思考应该如何操作。

图 3-150

图 3-151

3.5 我的猜数字小游戏

3.5.1 学习目标

(1) 进一步掌握事件的使用方法。

(2) 了解并掌握公式编辑器的使用方法。

(3) 掌握条件和循环的添加方法。

(4) 制作完成如图 3-152 所示的猜数字小游戏。

图 3-152

3.5.2 操作流程

1. 创建应用

打开 iVX 编辑器，选择第一种"Web App、小程序"，选择定位环境为"相对定位"，并在"应用名称"处填入"我的猜数字小游戏"，单击"创建"按钮，一个全新的应用就创建好了，如图 3-153 所示。

选中"前台"根，在"前台"下添加一个"页面"组件，并在"对象树"面板中双击"页面"组件，将其名称修改为"游戏页"，如图 3-154 所示。

将"游戏页"的"水平对齐"属性设置为"居中"，为"游戏页"添加一个"输入框"组件、两个"按钮"组件、一个"文本"组件，如图 3-155 所示。

图 3-153

图 3-154

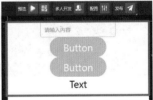

图 3-155

在"对象树"面板中，按住 Ctrl 键或 Shift 键全选组件，为其统一设置 15px 的"上外边距"，如图 3-156 所示。

修改组件的属性，将"输入框"组件的"提示文本"修改为"请输入 1~100 的内容"，将第一个"按钮"组件的"按钮文本"改为"猜数字"，第二个"按钮"组件的"按钮文本"改为"自动猜"，将"文本"组件的文本"内容"改为"结果"，如图 3-157 所示。

图 3-156

图 3-157

2. 设置"猜数字"逻辑

既然要猜数字，那么就要先生成一个随机数，可以思考一下随机数是在什么时候生成的。在案例刚刚打开时就去生成随机数，在这个逻辑中，触发对象是案例，触发条件是刚刚打开，目标对象未知，要执行的动作是生成随机数。

在"对象树"面板中选中"前台"根，单击右侧逻辑组件栏的"事件"图标，为"前台"添加事件，此时"前台"行的右侧会出现事件面板，如图 3–158 所示。

在事件面板的"触发条件"下拉菜单中，选中"初始化"选项，如图 3–159 所示。

观察组件栏中的组件，会发现下侧有一片黄色的组件与众不同，它们就是数据组件，鼠标悬停在"数值变量"上，它会有一个生成随机整数的动作，就基本可以确定是它了，如图 3–160 所示。

图 3-158 　　　　　　　　　　　　图 3-159 　　　　　　　　　　　　图 3-160

为"游戏页"添加一个"数值变量"组件，并双击为其重命名为"随机数"，如图 3–161 所示。

继续制作"前台"的事件，之前已经为"前台"添加过事件了，再次编辑只需单击右侧的"事件"图标（感叹号）即可，如图 3–162 所示。

单击事件面板"选择对象"前面的箭头图标，在 iVX 编辑器中任何位置出现这个符号，都是让大家在"对象树"面板中去选择对象，这里选择"对象树"面板中刚刚添加的"随机数"数值变量，如图 3–163 所示。

图 3-161 　　　　　　　　　　　　图 3-162 　　　　　　　　　　　　图 3-163

在"选择动作"的下拉菜单中，选择"生成随机整数"，最小值输入 1，最大值输入 100，如图 3–164 所示。

图 3-164

接下来，制作"猜数字"部分的逻辑，当用户在输入框中输入了数字后，点击"猜数字"按钮。如果输入的值比生成的随机数大，那么就对"结果"文本赋值"大家猜大了"；如果用户输入的值比生成的随机数小，那么就对"结果"文本赋值"大家猜小了"；如果用户输入的值比生成的随机数大，那么就对"结果"文本赋值"大家猜对了"。

在这个逻辑中，触发对象是"猜数字"这个按钮，所以选中"猜数字"按钮为其设置事件，将"触发事件"设置为"点击"，如图 3-165 所示。

图 3-165

因为要根据随机数和用户输入的数值进行比对，确定执行不同的动作，所以要在"点击"事件的基础上添加条件，选中"点击"事件，单击右上方的"条件"按钮，如图 3-166 所示。

通过事件面板左侧的绿线，可以知晓目前动作所在的分支。这个未定义的动作和条件都是位于"点击"事件下的平行分支，如图 3-167 所示。

图 3-166

图 3-167

由于要根据不同的条件去执行不同的动作，所以需要将这个动作放到条件下。在"选择动作"栏上长按左键鼠标，将其拖曳至条件下（在"且"栏底色变黄后松开鼠标左键），通过事件面板的紫红色线，发现动作现在是条件下的分支了，如图 3-168 所示。

图 3-168

接着填写条件，刚才说过所有的箭头图标都是让大家在"对象树"面板中去选择对象。用第 1 个"值 / 对象"的箭头选择"请输入 1~100 的内容"输入框；用第 2 个"值 / 对象"的箭头选择"随机数"按钮，如图 3-169 所示。

将中间的判断条件通过下拉菜单进行设置，这里选择">"，如图 3-170 所示。

图 3-169

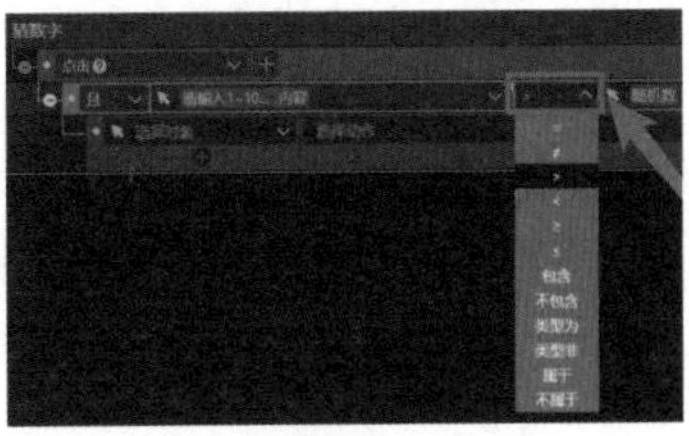

图 3-170

用"选择对象"的箭头选择"结果"文本，在"选择动作"的下拉菜单中选择"赋值"，并在下方"值/结果"处输入"你猜大了"，意思是当输入框的内容大于随机数的大小时，对"结果"文本赋值"你猜大了"，如图 3-171 所示。

这样就完成了一个条件下的逻辑编写，接下来的两个分支和已设置好的条件差异不大，可以对这个逻辑进行复用，选中条件的这一行("且"栏)，按快捷键 Ctrl+C 复制，选中"点击"这个触发条件，按快捷键 Ctrl+V 粘贴，在事件面板中一切都可以复制，但是在粘贴的时候要谨慎地选择要粘贴的父对象，这里可以发现，粘贴后的条件也是位于"点击"事件分支下的，如图 3-172 所示。

图 3-171　　　　　　　　　　　　　　图 3-172

若在粘贴的时候，选择了错误的父对象，如在这里错误地选择了之前的那个条件分支，那么粘贴后的条件就位于那个条件分支之下了，这样无法满足场景的制作，所以看清事件面板的左侧框线是非常重要的，如图 3-173 所示。

将第 2 个条件分支中间的判断条件设置为"<"，将"赋值"下方的"值/对象"修改为"你猜小了"，如图 3-174 所示。

图 3-173　　　　　　　　　　　　　　图 3-174

同样再复制一个条件，将第三个分支中间的判断条件设置为"="，将"赋值"下方的"值/对象"修改为"你猜对了"，如图 3-175 所示。

可以预览效果，这是个一次性的小游戏，当猜对一次后，就只有刷新案例才能重新玩了。在"游戏页"添加一个"图标"组件，将"图标素材"设置为"刷新 1"，将"上外边距"设置为 15px，如图 3-176 所示。

图 3-175　　　　　　　　　　　　　　图 3-176

梳理一下预期：一开始隐藏刷新图标，如果玩家猜对了，就让刷新图标显示；单击刷新图标时，重新去"生成随机数"，让猜测结果回归默认值，清空输入框的内容并且让刷新图标隐藏。

逻辑梳理好以后，就可以开始制作这个逻辑。首先是一开始隐藏刷新图标，单击"对象树"面板中"刷新"图标前的眼睛图标将其隐藏，如图 3-177 所示。

图 3-177

然后为"刷新"图标编辑事件，既然是点击"刷新"图标，那么触发对象就是"刷新"图标。选中"刷新"图标，单击逻辑组件栏的"事件"图标，在事件面板将"触发事件"设置为"点击"，如图 3–178 所示。

图 3-178

3. 添加动作组

设置逻辑，也可以使用"动作组"组件，"动作组"组件位于逻辑组件栏，它由多个动作构成，包含一系列目标对象及选择动作。"动作组"可以对应用中重复出现的逻辑进行打包，通过调用"动作组"实现对复杂逻辑的调用，可以有效地降低应用复杂度，增强应用的易维护性。合理规划"动作组"的打包层级，可以使事件主逻辑更加清晰，增强应用逻辑的可读性。

选中"游戏页"，单击逻辑组件栏的"动作组"图标，为页面添加一个"动作组"，并将其重命名为"生成随机数"，如图 7–179。

图 3-179

左侧的动作组面板包含"接收参数""返回参数""动作组定义"的设置。"接收参数"是调用这个动作组时传递进来的参数，可以在动作组任意公式编辑器的下拉菜单中选择；"返回参数"是执行了动作组后的参数，可以在动作组"选择对象"的下拉菜单中选择当前动作组，设置返回结果时传递给调用动作组的事件；"动作组定义"就是在调用这个动作组时要执行的动作。

用"动作开始"下"选择对象"的箭头选择"随机数"，展开"选择动作"的下拉菜单，选择"生成随机整数"，将"最小值"设置为 1，"最大值"设置为 100，如图 3–180 所示。

选中"前台"根，点击右侧的事件图标，将"初始化"下方的"选择对象"选择为"生成随机数"，默认"调用动作组"，如图 3–181 所示。

图 3-180

图 3-181

同样的，选中"刷新"图标，点击右侧的事件图标，将"点击"下方的"选择对象"选择为"生成随机数"，默认"调用动作组"，这样"刷新"图标的第一个动作也可以直接调用"生成随机数"这个动作组了，如图 3–182 所示。

接着单击事件面板"生成随机数"动作下方的⊕图标，添加一行动作，如图 3–183 所示。

图 3-182

图 3-183

用"选择对象"的箭头选择"结果"文本，在"选择动作"的下拉菜单中，选择"赋值"，在"值"后面输入"结果"，如图 3–184 所示。

用同样的方法，清空输入框的内容，将刷新图标隐藏。再添加两行动作，用第一行的"选择对象"的箭头选择"请输入 1~100 的内容"输入框，在"选择动作"的下拉菜单中选择"清除内容"；用第二行的"选择对象"的箭头选择"刷新"图标，在"选择动作"的下拉菜单中，选择"隐藏"，如图 3–185 所示。

图 3-184

图 3-185

设置当玩家猜对时，刷新按钮显示。打开"猜数字"事件面板，在最后一行动作中再新添加一行动作，用"选择对象"的箭头选择"刷新"图标，在"选择动作"的下拉菜单中，选择"显示"，如图 3–186 所示。

图 3-186

这样就完成了猜数字小游戏"猜数字"部分逻辑的制作，此时，在"对象树"面板中对象的右侧增加了很多白点，它代表了事件被引用，所以但凡是有白点的对象，都是在事件中被引用了的，若删除带白点的对象可能会导致事件的逻辑出错。此外还可以将白点选为实心，这样就会在事件面板中显示是在什么事件下被引用的，如图 3–187 所示。

也可以在事件面板打开的情况下，在"对象树"面板中再次单击事件图标，这样就会注销掉整个事件，这个功能在进行部分

图 3-187

调试的时候经常会用到，被注销了的事件面板也会变成灰蒙蒙的一片，并且每个节点的实心都变成空心，如图 3–188 所示。

相应地，事件面板中的每一个节点也都是可以被设置为空心的，并且设置为空心的节点自然就被注销掉了，在执行的时候也会跳过对应的分支，注销父节点的时候会将子集的所有节点一并注销掉，如图 3–189 所示。

图 3-188

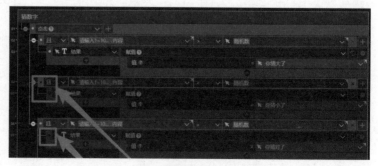

图 3-189

4.设置"自动猜"逻辑

接下来制作"自动猜"部分的逻辑,这里展示两种方法,并提供思路,供读者课后完成。

既然要自动猜,肯定也需要一个变量去存储"自动猜"的数值,所以先在"游戏页"下方添加一个"数值变量"组件,将其重命名为"自动猜",如图 3-190 所示。

为"自动猜"按钮添加事件,当其被点击的时候会触发自动猜的逻辑。选中"自动猜"按钮,单击逻辑组件栏的"事件"图标,在事件面板,将"触发事件"设置为"点击",如图 3-191 所示。

第一种思路是通过循环去判断正确的值是多少,生成的随机数一共只有 1~100,循环 100 次,每次自增 1,如果"自动猜"的数值等于"随机数"的数值,就对输入框赋值,所以这里要在事件下添加循环。选中触发事件行,单击事件面板上侧的"循环"按钮,如图 3-192 所示。

这里随机数最多只有 100 种可能,所以循环次数填入 100,每

图 3-190

图 3-191

图 3-192

一次让"自动猜"这个数值变量自加 1,并添加一个条件,当"自动猜"和"随机数"相等的时候,对输入框进行赋值,赋值的内容为"自动猜"的数值。

先选中动作栏,按住鼠标左键,将其拖曳至循环栏中(循环栏底色变黄后松开鼠标左键),在循环栏的"次数"后输入 100;将"选择对象"选择为"自动猜",展开"选择动作"的下拉菜单,选择"加 1";选中循环栏,单击上方的"条件"按钮,将第一个"值 / 对象"选择为"自动猜",将第二个"值 / 对象"选择为"随机数";选中条件栏,单击上方"动作"按钮,将动作条的"选择对象"选择为"请输入 1~100 的内容"输入框,展开"选择动作"的下拉菜单,选择"赋值",将"值"的"值 / 对象"设置为"自动猜",如图 3-193 所示。

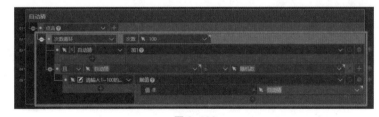

图 3-193

每次执行完这个循环后,"自动猜"都会被累加到 100,为了方便重复执行这个动作,要在循环之前将"自动猜"的数值变量赋值为 0。选中"点击"事件栏,单击上方"动作"按钮,按住鼠标左键,将下方新添加的动作栏拖曳至事件栏下方第一栏,并将"选择对象"选择为"自动猜",展开"选择动作"的下拉菜单,选择"赋值",为下方"值"输入 0,如图 3-194 所示。

图 3-194

下面为大家介绍第二种方法——条件循环。

在循环栏"次数循环"的下拉菜单中，选择"条件循环"，如图 3-195 所示。

图 3-195

条件循环的意思是，只要满足这个条件，就执行循环的操作，所以在这里的条件就是"自动猜"的数值不等于"随机数"的数值，就去执行 +1 的操作，如图 3-196 所示。

图 3-196

由于条件循环的限制，在离开循环的时候"自动猜"一定是等于随机数的，所以无须再添加这个条件。选中最下方的动作栏，按住鼠标左键，将其拖曳至事件栏下（事件栏底色变黄后松开鼠标左键），并删除第二个条件栏，如图 3-197 所示。

这个方法比起第一个方法减少了很多循环次数。

图 3-197

3.5.3　课后习题

使用条件循环的模式去实现"自动猜"的效果。

3.6　会跳舞的棒棒糖

3.6.1　学习目标

(1) 掌握轨迹的原理和使用方法。
(2) 掌握时间轴的原理和使用方法。
(3) 掌握动效的原理和使用方法。
(4) 完成如图 3-198 所示的效果。

3.6.2　操作流程

1. 创建应用

打开 iVX 编辑器，选择第一种"Web App、小程序"，选择定位环境为"相对定位"，并在"应用名称"处填入"会跳舞的棒棒糖"，单

图 3-198

击"创建"按钮，一个全新的应用就创建好了，如图 3-199 所示。

选中"前台"根，在"前台"下添加一个"页面"组件，并在"对象树"面板中双击"页面"组件，将其名称修改为"动画页"，如图 3-200 所示。

图 3-199　　　　　　　　　　　图 3-200

通常情况下，为了实现更好的动画体验，都会在"画布"中制作动画。选中"动画页"，在页面下方添加一个"画布"组件，并将"画布"的"背景颜色"设置为 #B54551，如图 3-201 所示。

选中"画布"组件后会发现左侧的组件栏变成了蓝色，说明"画布"属于"绝对定位"环境，并且组件栏的组件大部分有一个"画布"的角标在右下角，说明它们是"画布"特有的组件，其他的组件无法在"对象树"面板中拖曳至"画布"环境，"画布"环境中的组件也不能拖曳到外部使用。

在"画布"中添加一个"图片"组件，上传"棒棒球 (1)"的图片素材，如图 3-202 所示。

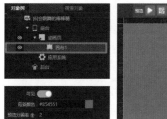

图 3-201　　　　　　　　　　　图 3-202

选中这个"棒棒球 (1)"图片，将 X 坐标设置为 100，Y 坐标设置为 300，"宽度""高度"均设置为 50，并将其"原点横坐标""原点纵坐标"均设为 50%，如图 3-203 所示。

选中设置好样式的"棒棒球 (1)"图片，将其复制并粘贴两份，分别设置 200 和 300 的 X 坐标，并上传不同的棒棒球素材图片，如图 3-204 所示。

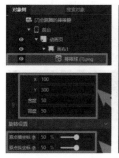
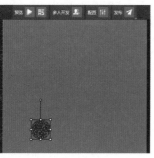

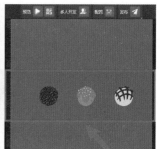

图 3-203　　　　　　　　　　　图 3-204

2. 添加轨迹

在"画布"中选中第一个"棒棒球 (1)"图片，单击组件栏中的"轨迹"组件，为这个"棒棒球 (1)"添加轨迹，如图 3-205 所示。

　　"轨迹"是用于给对象设置关键帧动画、补间动画的组件，通过在时间坐标内为对象添加若干个关键帧，并设定每个关键帧时刻对象所处的位置及状态，再由系统自动补全两个关键帧之间的属性渐变效果，从而实现动画效果。它不仅可用于定义对象位置的变化路径，还可以同时定义对象大小、透明度、旋转等多种属性变化，从而实现丰富多彩的动画效果。

　　由于轨迹自带时间标度，所以可以单独添加至对象下，也可以配合时间轴、滑动时间轴使用，以实现统合多个对象动画的控制。"轨迹"组件包含多个属性，如图 3-206 所示。

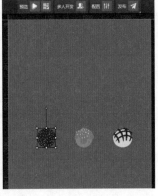

图 3-205　　　　　　　　　　　　　　　　　图 3-206

下面对"轨迹"组件中的属性进行简单介绍。

● 轨迹类型：轨迹类型有曲线、直线、逐帧三种，控制关键帧与关键帧之间的过渡状态。

● 开始 / 结束显示：在所设置的原始时长的时间内，进一步设置轨迹对应的对象的显示与隐藏时段。

● 设置轨迹控制的属性：设置组件的哪些属性用于轨迹的过渡效果。

● 自动播放：轨迹动画需要达成某些交互后方可播放，需要将自动播放的开关关闭；反之，则打开。

● 循环播放：轨迹动画需要连续循环地播放，需要将循环播放开关打开；反之，则关闭。

● 原始时长：根据动画需要，可以自动设置原始时长控制轨迹的长短。

● 实际时长 / 播放速度：如需对编辑好的轨迹动画整体进行加速 / 减速的控制，可通过修改播放速度或直接设置实际时长控制动画的长度。

　　知晓了轨迹的属性后，下面我们开始学习轨迹的使用方法。

　　在"对象树"面板选中对应的轨迹后，可以使用鼠标拖曳下侧的时间轴标记 (黄色竖线)，然后单击"时间轴"面板上侧的添加按钮◆，添加关键帧，如图 3-207 所示。

　　先在 0s 位置添加一个关键帧，仅仅添加一个关键帧还无法体现轨迹的作用，这里拖曳时间轴标记 (注意拖曳上侧黄色角标，不要把关键帧拖走了)，将时间轴标记拖到 0.5s 处，也可以手动输入 0.5，使时间轴定位到 0.5s 处，如图 3-208 所示。

图 3-207　　　　　　　　　　　　　　　　　图 3-208

　　值得注意的是，不要在选中一个关键帧时去设置时间轴时间，这样做只会将关键帧移动到那个时间。

　　在 0.5s 处添加一个关键帧，示例中素材的运动方向是先向上的，所以先绘制向上的一条轨迹。选中 0.5s 的关键帧，将它的 X 坐标设置为 150，Y 坐标设置为 250，如图 3-209 所示。

将时间轴标记拖曳回 0s，单击播放图标，可以发现小球从 (100，300) 的位置平移到了 (150，250) 的位置，这也就是"轨迹"的核心，只需设置两个关键帧的属性，中间的动画自动过渡。

使用刚刚设置关键帧的方法，在 1s 处添加关键帧，并将 X 坐标设置为 200，Y 坐标设置为 300，如图 3-210 所示。

图 3-209

 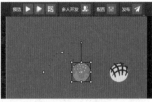

图 3-210

将时间轴标记拖回 0s，再次单击播放图标，会发现这次的动画变成了一个曲线。这是因为"轨迹类型"选择的就是"曲线"，在有多个关键帧的时候就会按照曲线去绘制路径，如图 3-211 所示。这里为了和示例效果保持一致，将"轨迹类型"由"曲线"改为"直线"。

使用同样的方法为中间的球也设置轨迹和关键帧。选中中间的"棒棒球 (2)"图片，为其添加一个轨迹，"轨迹类型"选择为"直线"；在 0s 添加第 1 个关键帧，在 0.5s 添加第 2 个关键帧，并将第 2 个关键帧的 X 设置为 150，Y 设置为 350；在 1s 添加第 3 个关键帧，将第 3 个关键帧的 X 设置为 100，Y 设置为 300。单击播放图标，就可以看到"棒棒球 (2)"图片的轨迹效果了，如图 3-212 所示。

图 3-211

图 3-212

3. 添加时间轴

上述操作完成，只能看到一条轨迹的运动。如果想看多条轨迹的运动，要如何操作呢？

这就需要使用"时间轴"组件了，在"画布"下添加一个"时间轴"组件，如图 3-213 所示。

图 3-213

将"画布"下的所有素材拖曳至"时间轴"组件下，如图 3-214 所示。

"时间轴"组件统合其内部多个对象的轨迹，做到同时调控多个对象的关键帧动画。选中"时间轴"组件，可以发现所有"轨迹"都在"时间轴"组件下记录并拥有了统一的度量，单击时间轴的播放按钮，就可以看到在统一时间度量下的效果了。

图 3-214

接着制作"棒棒球 (1)"的动画，当它与"棒棒球 (2)"交换了位置后，会原地跳一下。在 1.5s 处添加一个关键帧，并设置关键帧的位置，X 为 200，Y 为 200，如图 3-215 所示。

图 3-215

在 2s 时它又回到了 1s 时所在的位置，所以这里直接复制一个 1s 的关键帧，再粘贴到 2s 即可。选中 1s 的关键帧，单击"复制"图标，如图 3-216 所示；将时间轴标记挪动到 2s 处，单击"粘贴"图标，如图 3-217 所示。

图 3-216　　　　　　　　　　图 3-217

用相同的方法，制作"棒棒球 (1)"到"棒棒球 (3)"的位置并且跳动一下的动画。在 2.5s 处添加一个关键帧并设置位置 (250，250)，在 3s 处添加一个关键帧并设置位置 (300，300)，在 3.5s 处添加一个关键帧并设置位置 (300，200)，复制 3s 处的关键帧并粘贴在 4s 处，如图 3-218 所示。

图 3-218

在 4.5s 的时候，"棒棒球 (1)"下落运动到了中心的位置，并在 5s 的时候回到了 0s 的位置。在 4.5s 添加一个关键帧，将 X 设置为 200，Y 设置为 400，如图 3-219 所示。

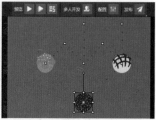

图 3-219

将 0s 的关键帧复制，在 5s 处粘贴。大家可仔细观察游戏"棒棒球 (1)"的轨迹，是不是一个"心"的形状呢？

接着去添加球体的滚动效果，设置 0.5s 的关键帧的"旋转角度"为 180，如图 3-220 所示。

每隔一个关键帧会增加 180°，1s 时为 360、1.5s 时为 540、2s 时为 720、2.5s 时为 900、3s 时为 1080、3.5s 为 1260、4s 为 1440，如图 3-221 所示。

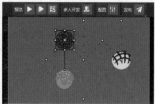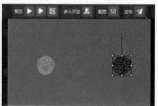

图 3-220　　　　　　　　　　图 3-221

将 4.5s 设置为 720°，这样经过一个轮回，又回到了 0°。

以同样的方法，为"棒棒球 (2)"也设置"旋转角度"，0.5s 时为 180、1s 时为 360，如图 3-222 所示。

继续仿照"棒棒球 (2)"的方法，为"棒棒球 (3)"添加轨迹，将"轨迹类型"设置为"直线"，在 2s

图 3-222

处添加第 1 个关键帧；在 2.5s 处添加第 2 个关键帧，X 设置为 250，Y 设置为 350，"旋转角度"设置为 180；在 3s 处添加第 3 个关键帧，X 设置为 200，Y 设置为 300，"旋转角度"设置为 360，如图 3-223 所示。

图 3-223

接着分别在"棒棒球 (2)"的轨迹和"棒棒球 (3)"的轨迹的 4s 处添加一个关键帧，如图 3-224 所示。

分别复制"棒棒球 (2)"和"棒棒球 (3)"初始位置的关键帧，并在 5s 处粘贴，如图 3-225 所示。

图 3-224

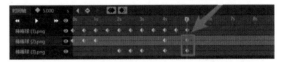

图 3-225

完成了这一步，单击播放图标，大致看一下效果，会发现时间轴不需要这么长，所以根据实际需求，将"时间轴"组件的"原始长度"改成 5s，并且设置 2 倍的"播放速度"，如图 3-226 所示。

还可以打开"循环播放"和"自动播放"，这样用户在预览时就可以看到棒棒球自动跳来跳去了，如图 3-227 所示。

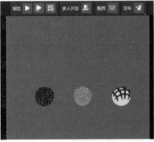

图 3-226

图 3-227

4. 动效的使用和编辑

动效是一类应用极为广泛的互联网视觉元素，它既具备一定的功能性，又能让画面更为生动。动效能够传递层级信息，呈现元素的有序进场、离场，页面的转换，对某些元素进行强调，使视觉效果分级呈现，更加符合认知逻辑。通过添加动效，用户能得到视觉信息反馈，直观地感受到某些交互的当前流程和运行结果。动效可以非常直观地对产品的交互功能进行演示，让用户更直观地了解一款产品的核心特征、用途、使用方法等细节。除了一些功能化场景，可以为一些静态元素添加合理的动效，增加画面的亲和力与趣味性。

"动效"组件能调用系统预置动效库为对象添加动画效果，并对动效的触发时机、循环次数等进行控制。动效类型包括强调动效、进场动效、离场动效，每一类都提供了多样化的效果供用户选取。

接下来学习动效的使用和编辑。

在"前台"下添加一个页面，重命名为"动效页"，将其"竖直对齐"和"水平对齐"修改为"居中"，如图 3-228 所示。

为"动效页"添加一个"图片"组件，接着上传一张图片，宽高均设置为 200px，如图 3-229 所示。

图 3-228

选中"图片"组件,在组件栏中为其添加"动效"组件,如图 3-230 所示。

图 3-229 图 3-230

随意选择一个动效类型,单击"预览动效"按钮,可以查看动效的实际效果。单击"编辑动效"按钮,可以打开动效编辑器,在动效编辑器的下方单击空白处可以添加关键帧,如图 3-231 所示。

图 3-231

选中某一关键帧可以设置当前帧的属性,最终形成的动画效果也是按照帧与帧之间的属性进行过渡的,如图 3-232 所示。

大家还可以在"动效类型"中,选择第一个选项"添加自定义动效",制作出特别的动效效果,如图 3-233 所示。

3.6.3 课后习题

(1) 利用手中的素材,构想并制作一个时间轴动画。

(2) 制作一个专属动效,并保存在编辑器中。

图 3-232

图 3-233

3.7 指尖钢琴小游戏

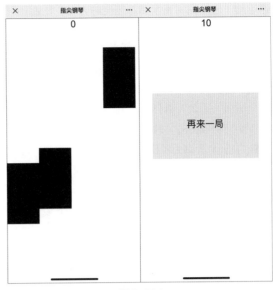

3.7.1 学习目标

(1) 进一步掌握"动作组"的使用方法。

(2) 掌握触发器的原理和使用方法。

(3) 掌握"画布"中运动的原理和使用方法。

(4) 掌握"画布"环境中创建对象的方法。

(5) 完成如图 3-234 所示的案例效果。

3.7.2 操作流程

1. 创建应用

打开 iVX 编辑器，选择第一种"Web App、小程序"，将下方的定位环境选择为"相对定位"，并在"应用名称"处填入"指尖钢琴"，单击"创建"按钮，一个全新的应用就创建好了，如图 3-235 所示。

图 3-234

图 3-235

选中"前台"根，在"前台"下添加一个"页面"组件，在"对象树"面板中双击"页面"组件，将其名称修改为"游戏页"，在"游戏页"下添加一个"画布"组件，如图 3-236 所示。

在"画布"组件下添加一个"矩形"组件 (需在画布中拖曳绘制)，在"对象树"面板中双击"矩形"组件，将其命名为"黑块"，将 X、Y 均设置为 0，"宽度"设置为 90，"高度"设置为 165，并将"背景颜色"设置为 #000000，如图 3-237 所示。

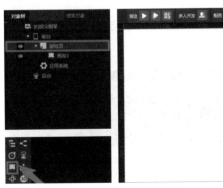

图 3-236

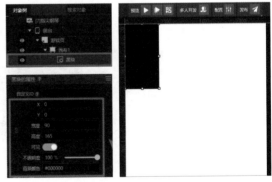

图 3-237

2. 添加运动与运动组

"黑块"设置好了，要如何让它向下运动呢？这就需要用到"运动"组件了。

"运动"组件是用于给"画布"组件下的对象添加直线运动效果的，是一种基准化的动画组件，给定移动的方向、初始速度和加速度，就可以让其父对象进行线性移动，并在加速度的影响下实现相应的加速／减速运动。通过控制速度和加速度的方向，还能让对象实现抛物线轨迹的运动。

添加"运动"组件的方法也十分简单，选中"黑块"，再单击组件栏中的"运动"组件，就为"黑块"添加了运动效果，如图 3-238 所示。

图 3-238

添加"运动"组件后为其设置属性，设置"移动速度"为 90px/S，"移动方向"是默认水平向右（逆时针为正），所以为了使移动方向向下，设置"移动方向"为 90°，并将"自动播放"打开，如图 3-239 所示。

图 3-239

这时候预览，就会看到"黑块"向下移动了。但是光向下移动还不够，还要去源源不断地生成"黑块"才行，这就需要在"画布"中创建对象动作了。选中"画布"组件，单击右侧逻辑组件栏的"动作组"组件，将添加的"动作组"组件命名为"生成黑块"，如图 3-240 所示。

在左侧逻辑面板，用"选择对象"的箭头选择"画布"组件，展开"选择动作"下拉菜单，选择"创建对象"选项，在下拉列表中选择一个"模板对象"，如图 3-241 所示。

图 3-240

图 3-241

将"模板对象"选择为"黑块"，它会自动加载"黑块"的属性。这里需要填入的是生成对象与模板对象的差异部分，对于不同的"黑块"而言，差异部分就是 X 的坐标不同。

在"画布"下添加一个"数值变量"组件，将其命名为"位置随机"，将会有四个位置出现，所以随机生成 0~3 的整数，并乘以位置间距即可。

选中"生成黑块"动作组，再选中"动作开始"栏，单击上方的"动作"按钮，将新添加的动作栏选中，按住鼠标左键拖曳至"画布 1"动作栏上方；用"选择对象"的箭头选择"位置变量"，展开"选择动作"的下拉菜单，选择"生成随机整数"选项，将"最小值"设置为 0，"最大值"设置为 3；将"画布 1"动作栏"创建对象"动作的 X 设置为"91*位置随机"，如图 3-242 所示。

图 3-242

3. 添加触发器

在"画布"下添加一个"触发器"组件，"触发器"组件主要有以下三种场景。

定时、延时触发：使用"触发器"组件可以实现某动作的单次延时触发。例如，希望某动效播放完毕后延时 2s 再次播放，可以使用"触发器"组件进行。

等时间间隔触发：对于等时间间隔的定时触发，使用"触发器"组件会比时间轴更加方便。例如，希望某案例每隔 3 秒自动翻页，此时可用"触发器"组件进行计时，"触发器"组件每隔 3 秒播放一次，同时触发翻页操作。

连续触发："触发器"组件提供了时间间隔为"每一帧"的连续触发功能。帧对应于设备显示刷新的最小单位，不同设备的时间间隔不同，通常为四十分之一或六十分之一秒，如果设定为每帧触发，则对肉眼来说近似于连续，可实现某些连续的动画效果。

生成对象时，就是使用"触发器"组件的第二种场景，每间隔 1s 就生成一次对象。选中"触发器"组件，将"时间间隔"选择为 1s，将"自动播放"按钮打开，如图 3-243 所示。

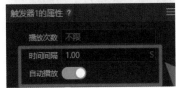

图 3-243

接着为"触发器"组件添加事件，选中"触发器"组件，单击右侧逻辑组件栏的"事件"图标，在左侧的事件面板中，用"选择对象"的箭头选择"生成黑块"动作组，即当它每次触发的时候，就去执行"生成黑块"的"动作组"，如图 3-244 所示。

预览就可以看到"黑块"在不同的位置生成了，速度都是一致的。如果希望生成的每个对象的速度都是不一样的，要怎么操作呢？

图 3-244

回到"生成黑块"的"动作组"，展开"创建对象"的动作，会发现在下方还有个生成"子对象"的选项，如图 3-245 所示。

在下拉菜单中的选项仅有"运动 1"，可以观察一下"对象树"面板，因为选择的创建对象为"黑

图 3-245

块"，而"黑块"下的子对象只有"运动 1"。在实际案例的制作中，可能会有多个子对象，具体要不要创建子对象、创建多少个子对象都要根据具体的需求决定。

由于是希望每个对象都有随机的速度，所以在"画布"下再添加一个"数值变量"组件，将其命名为"速度随机"，并在创建对象前去执行"速度随机"的动作，并将随机后的值设置在子对象的移动速度中。

将创建的"速度随机"数值变量移动至"触发器"下方，选中"生成黑块"动作组，在"位置随机"动作栏下方新添加一个运动栏，将"选择对象"选择为"速度随机"，展开"选择动作"的下拉菜单，选择"生成随机整数"选项，将"最小值"设置为 300，"最大值"设置为 600；将"画布 1"动作栏"创建对象"动

作的"移动速度"选择为"速度随机"，如图 3-246 所示。

图 3-246

现在已经完成"黑块"生成部分的逻辑了。接着制作单击"黑块"时的逻辑，当"黑块"被单击的时候，被单击的"黑块"删除 (被移除)。

为"黑块"添加事件，在事件面板将"触发事件"设置为"点击"，展开"选择对象"的下拉菜单，选择"当前对象"选项，展开"选择动作"的下拉菜单，选择"移除当前对象"选项，如图 3-247 所示。

图 3-247

4. 添加计数器

添加计数器记分事件，选中"画布"组件，在组件栏单击"计数器"组件，绘制在"画布"的中上方；为点击事件添加计数器赋值的动作，打开"黑块"的事件面板，添加一个动作栏，将"选择对象"选择为"计数器"，展开"选择动作"的下拉菜单，选择"加1"，如图 3-248 所示。

图 3-248

在预览中去体验一下操作，发现生成对象和计时都是正常的，但是点击的游戏体验较差。这是因为点击是分为手指按下和手指离开这两个部分的，只有完成了手指按下加离开才会判断为一次点击，而"黑块"移动速度较快，可能手指离开的时候已经不在"黑块"上了，这导致这个事件的体验非常差，所以这里将"黑块"的触发事件改为"手指按下"，以获得更好的体验，如图 3-249 所示。

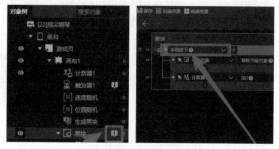

图 3-249

5. 设置游戏失败逻辑

单击"黑块"的事件做好后，接着制作游戏失败的情况。在"画布"下添加一个"动作组"，重命名为"游戏结束"，此时"画布"下的对象有点多了，整理一下"对象树"面板，将两个"动作组"放在一起，如图 3-250 所示。

图 3-250

当玩家触发了"游戏结束"事件后，那么"生成黑块"的"触发器"应该暂停，也应该弹出一个"再次游戏"的弹窗。选中"画布"组件，单击组件栏的"对象组"组件，在"画布"中绘制一个对象组，并在"对象组"组件下添加一个"文本"组件，将"文本内容"设置为"再来一局"，如图 3-251 所示。

图 3-251

将"画布"下的"对象组1"隐藏，并为"结束游戏"动作组设置事件。当"游戏结束"的动作开始时，让"对象组1"显示，并让"生成黑块"的"触发器"组件暂停。

选中"游戏结束"动作组，在左侧事件面板将"选择对象"选择为"对象组"，展开"选择动作"的下拉菜单，选择"显示"选项；再添加一个动作栏，将"选择对象"选择为"触发器"，展开"选择动作"的下拉菜单，选择"暂停"选项，如图 3-252 所示。

图 3-252

接着构思一下什么情况下会触发"游戏结束"事件，一种情况是"黑块"触底一直没有被点击。

选中"画布"组件，单击组件栏的"矩形"组件，在"画布"的底部绘制一个充满底部的矩形，命名为"底部区域"，将其在"对象树"面板中拖曳至"黑块"上方。绘制后可以将"底部区域"的属性进行微调，设置 X 为 0，Y 为 647，"宽度"为 375，"高度"为 20，如图 3-253 所示。

所以，"黑块"触底就和"底部区域"发生了接触(重叠)，为"黑块"添加另一个触发事件，即当它与"底部区域"开始重叠时，去触发"游戏结束"的动作。打开"黑块"的事件面板，单击上方"事件 +"按钮，在新增的事件栏将"触发事件"设置为"开始重叠"，将"选择对象"设置为"底部区域"，将下方动作栏的"选择对象"设置为"游戏结束"，如图 3-254 所示。

图 3-253

图 3-254

另一种情况，是如果单击到了白块，也会触发"游戏结束"。

在"画布"下再添加一个"矩形"组件，命名为"白块"，设置 X 为 0，Y 为 0，"宽度"为 375，"高度"为 900，"背景颜色"为 #FFFFFF，并将"白块"调整到"黑块"之下，保证所有显示的元素都不会被"白块"遮挡，如图 3-255 所示。

接着为"白块"添加事件，当"白块"被手指按下时，去触发游戏结束的"动作组"。选中"白块"矩形，单击右侧逻辑组件栏的"事件"图标，在左侧打开的事件面板中，设置"触发事件"为"手指按下"，将"选择对象"设置为"游戏结束"动作组，如图 3-256 所示。

图 3-255

图 3-256

由于不同的设备屏幕大小不同，所以"底部区域"也应该动态设置，要在"前端"初始化的时候将"底部区域"的 Y 坐标设置为应用系统的窗口高。选中"前台"根，单击右侧逻辑组件栏的"事件"图标，在左侧事件面板将"触发事件"设置为"初始化"，将"选择对象"设置为"底部区域"，展开"选择动作"的下拉菜单，选择"设置属性"选项，将 Y 设置为"应用系统，窗口高"，如图 3-257 所示。

图 3-257

当游戏结束后，玩家如果想再玩一次，可以通过点击"再来一次"按钮重新开启游戏。为"对象组 1"添加游戏的复位事件，当被点击时，要把当前画布下的黑块清除（否则过多的黑块会导致画布卡顿）。

这里要使用"选择多个对象"选项，这是"画布"环境下的特殊功能。为"对象组 1"添加事件，在事件面板，将"触发事件"设置为"点击"，将"选择对象"设置为"选择多个对象"，如图 3-258 所示。

图 3-258

将"对象范围"选择为"画布"，将"对象类型"选择为"黑块"。这里要注意"对象类型"是指类型，而"黑块""白块""底部区域"的类型都是矩形，所以为了只删除"黑块"，要再加上一个限制，如"黑块"独享的"高度"为 165px，因此将"选择动作"设置为"移除当前对象"，如图 3-259 所示。

接着让"对象组 1"隐藏，让显示得分的计数器归零，并让"生成黑块"的"触发器"组件播放。

在"选择多个对象"动作栏下添加 3 个动作栏。将第 1 个动作栏的"选择对象"设置为"对象组 1"，展开"选择动作"的下拉菜单，选择"隐藏"；将第 2 个动作栏的"选择对象"设置为"计数器 1"，展开"选择动作"的下拉菜单，选择"赋值"，将"值"设置为 0；将第 3 个动作栏的"选择对象"设置为"触发器 1"，展开"选择动作"的下拉菜单，选择"播放"，如图 3-260 所示。

这样就完成了指尖钢琴小游戏全部的制作了，快玩起来吧！

图 3-259

图 3-260

3.7.3 课后习题

为增加游戏的可玩性，玩家每获取一定的分数，就要增加游戏的部分难度，大家能想到什么办法去增加难度呢？动手实践一下吧。

3.8 我的自制导航栏

3.8.1 学习目标

(1) 掌握循环创建的使用方法。

(2) 掌握数据绑定的使用方法。

(3) 掌握三元表达式的使用方法。

(4) 掌握条件容器的使用方法。

(5) 完成如图 3-261 所示的案例效果。

图 3-261

3.8.2 操作流程

1. 创建应用

打开 iVX 编辑器，选择第一种"Web App、小程序"，选择定位环境为"相对定位"，并在"应用名称"处填入"我的自制导航栏"，单击"创建"按钮，一个全新的应用就创建好了，如图 3-262 所示。

将舞台的大小切换为"电脑"下的"小屏 1024* 768"，并选中"前台"根，在"前台"下添加一个"页面"组件，并在"对象树"面板中双击"页面"组件，将其名称修改为"导航页"，如图 3-263 所示。

由于示例中导航样式是横向布局的，所以在"导航页"中添加一个"行"组件，并将"行"组件的"高度"设置为 66px，"背景颜色"设置为 #FFFCFC，并设置 25 的"左内边距"，如图 3-264 所示。

图 3-262

图 3-263

修改"行 1"的名称为"导航行"，在里面再添加一个"文本"组件，将这个文本设置为选中的样式，"高度"设置为 32px，"背景颜色"设置为 #E2EEF5，"文字颜色"设置为 #6586AB，"文字字号"设置为 16。由于"高度"为 32px，字号为 16，为了使文本上下"居中"，将"行间距"设置为"高度"减去字号，即 32-16=16；同样的，由于整个"导航行"的"高度"为 66px，文本"高度"为 32px，为了使其在"导航行"内上下"居中"，"上外边距"设置为 (66-32)÷2=17px；再将"字体样式"设置为加粗，"右外边距"设置为 5px，左、右内边距均设置为 10，如图 3-265 所示。

图 3-264

图 3-265

将已经设置好的"文本"组件复制一份，并在"导航行"中粘贴，将粘贴出来的"文本"组件重命名为"未选中"，将"未选中"文本的"背景颜色"清空，"文字颜色"设置为 #B2B3B4，去掉"字体样式"的加粗，如图 3-266 所示。

这样就完成了基础样式的制作，下面将介绍一种全新的制作导航栏的方法。

2. 添加一维数组

在"导航页"下添加一个"一维数组"组件，并将其重命名为"导航"，如图 3-267 所示。

图 3-266

图 3-267

选中"导航"数组，在编辑器中为它赋值，单击左侧数据面板中的 + 按钮，这里有不同的类型可以选择，如图 3-268 所示。

"字符串"类型可以理解为熟知的文本类型；"数值"类型可以理解为用过的"数值变量"组件（"字符串"和"数值"之间最大的差别就是"是否会用于数学计算"，如手机号码虽然都是由数字组成的，但它不涉及数学计算，所以应该用"字符串"进行存储）；"布尔值"非真即假，用于存储对立的两个状态；"颜色"和"资源"也是"字符串"的类型，不过提供了展示或上传资源的功能。

这里选择"字符串"类型即可，并输入第一个导航的名称 All，如图 3-269 所示。

用同样的方法为这个一维数组再预设几个值，这里分别添加了 Animation、Branding、illustration、Mobile、Print，如图 3-270 所示。

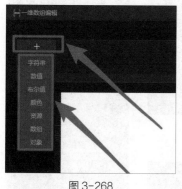

图 3-268

图 3-269

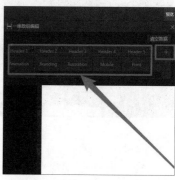

图 3-270

3. 设置数据绑定

数据虽然预设好了，但是媒体组件并没有和数据绑定，这就要用到数据绑定了，被绑定的属性值会随着绑定的属性值的变化而变化。这个概念有些许抽象，为方便理解，我们来看看在实际案例中是如何操作的。

在"导航页"下添加一个"文本变量"组件，赋初始值为"我是文本变量"，如图 3-271 所示。

在"导航页"下添加一个"按钮"组件，将"按钮文本"赋值为"打印变量值"，如图 3-272 所示。

接着为按钮添加事件，当按钮被点击的时候，让文本变量和一维数组去打印当前值。选中"打印变量值"按钮，单击逻辑组件栏的"事件"图标，在左侧的事件面板，将"触发事件"设置为"点击"，将"选择对象"设置为"文本变量 1"，展开"选择动作"的下拉菜单，选择"打印当前值"选项；再新添加一个动作栏，将"选择对象"设置为"导航"一维数据，展开"选择动作"的下拉菜单，也选择"打印当前值"选项，如图 3-273 所示。

预览并按 F12 打开开发者工具，切换到 Console（控制台），单击按钮可以发现控制台中打印了文本和一维数组的值，如图 3-274 所示。

以上是开发案例时常用的调试技巧，大家务必熟练掌握。

图 3-271

图 3-272

现在已经可以确定文本变量和一维数组都是有值的，那么如果让"文本"组件显示和文本变量一样的值呢？

切换回编辑器的界面，选中加粗的"文本"组件，会发现在属性面板的右侧有一排相互连接的符号，后续就称之为绑定符号，如图 3-275 所示。

图 3-273

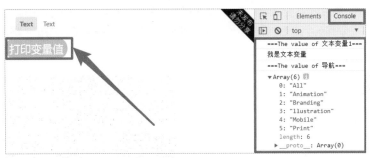

图 3-274

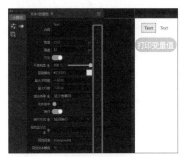

图 3-275

单击"内容"右侧的绑定符号，可以发现绑定符号变成了高亮，并且前面出现了一个鼠标箭头样式，这个箭头样式是用来选择"对象树"面板中某一个值的。这里期望这个文本的值和文本变量的值绑定，于是就在"对象树"面板中选择文本变量的值，如图 3-276 所示。

完成绑定后，会发现在编辑器界面，加粗文本的显示并没有发生变化，但是预览时，就可以发现加粗变量的值已经和文本变量的值一致了，如图 3-277 所示。

这里可以进行联想，所有的属性都可以采用这样绑定的形式，所以所有的属性都可以直接用变量进行控制，也就是开发的应用都是数据驱动的基础。

图 3-276

如果一个组件的属性已经被绑定，要修改它的属性，直接去修改绑定的对象的值，而并非去修改该属性本身。以上面的这个示例而言，如果要修改加粗文本的内容，应该直接去修改文本变量的值，因为加粗文本的内容已经绑定为文本变量的值。

在"导航页"添加一个"按钮"组件，将"按钮文本"设置为"赋值"，设置 20px 的"上外边距"，如图 3-278 所示。

图 3-278

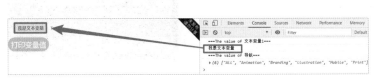

图 3-277

为"赋值"按钮添加事件，设置"触发事件"为"点击"，将"选择对象"设置为"文本变量1"，展开"选择动作"的下拉菜单，选择"赋值"选项，将"值"设置为"这是赋值后的结果啦"，如图 3-279 所示。

图 3-279

预览界面，显示的还是文本变量当前的值，如图 3-280 所示。

单击"赋值"按钮，会发现文本变量的值发生了变化，文本的显示也进而发生了变化，如图 3-281 所示。

选择"未选中"文本，将其"内容"绑定为"导航"这个一维数组的值。此时会发现，如果一个组件绑定了其他组件，它在"对象树"面板前方会有一个蓝色的小箭头，单击还会显示绑定了哪些变量，如图 3-282 所示。

图 3-280

图 3-281

图 3-282

同理，大家单击被绑定的组件前方的黄色按钮，也会显示它目前被哪些组件所绑定。结合之前学习的事件小圆点，可以知道如果要删除一个组件，必须确定它没有被任何组件绑定，也没有任何事件，才能删除。预览时可以发现后面的文本也和绑定的一维数组一致，如图 3-283 所示。

如果希望文本和一维数组里的某一个值绑定，可以单击控制台中一维数组前的下拉箭头，可以看到数组中每一个值前面都对应了一个序号，如图 3-284 所示。

回到编辑器中，将"未选中"文本的内容绑定为"导航"中的某个元素，下标输入 0，如图 3-285 所示。

图 3-283

图 3-284

图 3-285

再次单击预览，可以发现导航数组中 0 下标的值已经在文本中显示了，如图 3–286 所示。

将"未选中"的文本粘贴 5 份，然后修改下标的数值，完成导航栏的设置。

图 3–286

4. 设置循环创建

在"导航行"下添加一个"循环创建"组件，如图 3–287 所示。

将"未选中"文本拖到"循环创建"组件中，如图 3–288 所示。

选中"循环创建"组件，将它的属性数据来源绑定为"导航"的一维数组的值，如图 3–289 所示。

图 3–287

图 3–288

图 3–289

选中"循环创建"中的文本，将"内容"中现有的绑定删除（再次单击绑定图标即可删除），将其重新绑定为下拉菜单中的"当前数据 1"，如图 3–290 所示。

完成这一步后直接预览，如图 3–291 所示。

现在的文本和一维数组的值完全一致，这是由"循环创建"创造的，"循环创建"组件可以在应用程序运行时动态创建出具有相同对象结构和事件逻辑的 UI 单元模块（可以包含布局类组件、UI 类组件、变量类组件），并通过绑定数据源的方式控制动态 UI 单元的数量及属性值，常和条件容器一起筛选创建模块化的动态列表。

如果上述的概念过于抽象，这里再介绍一下"循环创建"的本质："循环创建"组件采用循环方式自动创建一组对象。"循环创建"的数据来源选择为一个数组，通过遍历数组的方式，将"循环创建"内的组件复制数组的行数次。

图 3–290

图 3–291

结合案例，我们来理解一下"循环创建"的本质。在这个示例中，"循环创建"的数据来源选择为"导航"这个一维数组，它一共有 6 个数据，所以数组的长度为 6。所以，即使不做任何操作，就放一个文本进去，"循环创建"组件都会将其复制 6 次，这里可以取消"循环创建"中文本变量的绑定，然后预览加深理解，如图 3-292 所示。

在这一"循环创建"中只有一个 Text 的文本，所以在预览时就会将 Text 文本复制 6 次，如图 3-293 所示。

在"循环创建"下的组件可以获得"当前数据"和"当前序号"两个值，"当前数据"是将数组以逗号分隔的当前值；"当前序号"就是数组前面的标号。这个一维数组全是由"字符串"类型组成的，所以分隔后每个当前数据就相当于一个文本，因此在绑定的时候选择"当前数据"就相当于绑定了每个拆分后的文本值，如图 3-294 所示。

图 3-292

可以将加粗的文本也拖到"循环创建"中，并将其绑定为"当前数据 1"，预览就会发现两个样式的文本都被复制了 6 次，如图 3-295 所示。

图 3-293   图 3-294

图 3-295

5. 添加条件容器

如果希望加粗的文本只有在选中该标签的时候才显示，没有选中标签就不显示，即隐藏部分元素，应如何操作？这里介绍一种常用的方法，使用"条件容器"组件。

图 3-296

条件容器的定义也特别好理解，满足条件就显示内部的内容，不满足就不显示。

在"循环创建"下添加一个"条件容器"组件，如图 3-296 所示。

选中这个"条件容器"组件，它的属性就只有一个"条件"。将"文本 1"组件拖曳至"条件容器"组件中，并将"条件容器"组件重命名为"选中"，并将其"条件"设置为"当前序号 1=0"，如图 3-297 所示。

预览就会发现，加粗的文本只显示了当前序号等于 0 的这一条数据，如图 3-298 所示。

同理，可以再在"循环创建"下添加一个"条件容器"组件，重命名为"未选中"，将"未选中"这个文本拖进去，并将"条件容器"组件的"条件"设置为"当前序号不等于 0"，这时候预览就已经能看到一个导航的雏形了，如图 3-299 所示。

图 3-297

图 3-298

图 3-299

6. 添加数值变量

图 3-300

如果选中的不是当前序号 0 的这一条，可以用一个变量记录当前选中的序号值。

在"导航页"添加一个"数值变量"组件，如图 3-300 所示。将它重命名为"选中序号"，设置左侧属性面板的"值"为 0。

将"条件容器"组件中的"条件"修改为"当前序号"与"选中序号"的对比。将"选中"和"未选中"条件容器的"条件"中最下方的条件均设置为"选中序号"数值变量，如图 3-301 所示。

由于设置了"选中序号"的初值为 0，所以这时候预览，就可以看到第 0 个导航是加粗的状态，每次单击"未选中"的文本，将它的当前序号赋值给"选中序号"这个变量。

选中"未选中"文本，单击逻辑组件栏的"事件"图标，在左侧的事件面板，将"触发事件"设置为"点击"，将"选择对象"设置为"选中序号"，展开"选择动作"的下拉菜单，选择"赋值"选项，将"值"设为"当前序号 1"，如图 3-302 所示。

现在预览时，单击文本就会让它有加粗的效果了，如图 3-303 所示。

下面制作鼠标移入的效果，将之前用于理解的按钮和文本变量在"对象树"面板中删除，再添加一个"数值变量"组件，重命名为"移入序号"，设置"值"为 -1，如图 3-304 所示。

为"未选中"文本添加事件，当鼠标移入时对"移入序号"赋值为当前序号 1，移出时赋值为 -1。

图 3-301

图 3-302

图 3-303

图 3-304

选中"未选中"文本，在左侧事件面板单击上方"事件 +"按钮，添加 2 个事件栏；将第一个"触发事件"设置为"鼠标移入"，将"选择对象"设置为"移入序号"，展开"选择动作"的下拉菜单，选择"赋值"选项，将"值"设置为"当前序号 1"；将第二个"触发事件"设置为"鼠标移出"，将"选择对象"设置为"移入序号"，展开"选择动作"的下拉菜单，选择"赋值"选项，将"值"设置为 –1，如图 3-305 所示。

图 3-305

7. 设置三元表达式

接下来，完成"未选中"中鼠标移入和移出的不同效果。这里要为大家介绍一种全新的方法，即巧妙地利用绑定和三元表达式。

三元表达式形如：条件 ?A:B。

一个条件后面会跟一个问号"?"，如果条件为真值，则"?"后面的表达式 A 将会执行；

表达式 A 后面跟一个冒号"："，如果条件为虚值，则"："后面的表达式 B 将会执行。

鼠标移入有文本颜色和背景颜色的差异，这里先去绑定"背景颜色"。

如果"当前序号 1"的值等于"移入序号"的值 (条件)，那么就让颜色赋值为 #E2EEF5(表达式 A)，如果不等就让颜色赋值为 'transparent'(透明)(表达式 B)。

选中"未选中"文本，单击"背景颜色"后的绑定图标，设置"值"为"当前序号 1== 移入序号 ?'#E2EEF5':'transparent'"。其中，"当前序号 1== 移入序号"是条件，如果为真，这个三元表达式的值就是"："前的 '#E2EEF5'，如果为假，就是"："后的 'transparent'，将其写入绑定之中，如图 3-306 所示。

同样，"文字颜色"可以绑定为"当前序号 1== 移入序号 ?'#7986ab':'#B2B3B4'"，如图 3-307 所示。

这样，自定义导航栏就完成了。

图 3-306

3.8.3 课后习题

在本节中，只学习了一维数组在循环创建中的使用，但是二维数组和对象数组作为数组类型的变量，也是可以作为循环创建的数据来源的。那么，将二维数组和对象数组作为数据来源后，循环创建下的当前数据又变成了什么呢？要如何使用循环创建引用到数组中的某一个值呢？动手试一试吧！

图 3-307

3.9 我的表单收集 2.0

3.9.1 学习目标

(1) 进一步加深对组应用的概念。

(2) 了解数据库的概念，并掌握数据库操作的基本方法。

(3) 了解服务的概念，并掌握服务设计的基本规则。

本节基于 3.4 节案例"我的表单收集"进行了功能扩展，增加了后台数据记录和展示端，效果如图 3-308 所示。

图 3-308

3.9.2 操作流程

1. 添加后台私有数据库

打开 iVX 编辑器，在"最近打开"列表中选择之前制作好的"表单收集"组应用，如图 3-309 所示。

图 3-309

在菜单栏的"组应用管理"中，单击"开发"按钮，打开组应用中的另一个案例，如图 3-310 所示。

之前说过，所谓组应用，就是将后台数据在应用之间共享；而所谓的后台就是数据库及其提交和访问规则。

对于数据库而言，本质上就是一个数据管理软件，可以把它想象成一个"高级的 Excel 表格"。

图 3-310

大多数数据库都是安装在远程服务器中，用于存储一个应用的后台数据。

在 iVX 的应用中，从前端访问后台的数据，通过服务完成这一过程的定义。通常由前端首先发起服务请求，启动服务；服务开始后，通过事件调用后台的某些功能，如数据库输出、数据库更新等；前端通过回调获取服务的返回参数、运行状态等，从而实现前台后端的交互。

至于为什么要添加一个服务作为前端与后台的枢纽也非常好理解。可以把服务想象成餐馆中的服务员：去餐馆点餐，通常是告诉服务员要吃什么；由服务员去告知后厨，后厨会根据要求烹饪食物；餐食做好了，也是由服务员将餐食送到餐桌上。服务的过程，如图 3-311 所示。

服务的定义为运行服务时，在后台进行的一系列操作。其中，接收参数为从前台接收到的参数，返回参数为从后台返还给前台的参数。

下面我们通过案例的制作过程，加深对概念的理解。

在"对象树"面板选中"后台"根，添加一个"私有数据库"组件，并双击将其重命名为"报名数据"，如图 3-312 所示。

接着选中"报名数据"这个数据库，单击数据库面板右上方的"+字段"按钮，为其添加多个数据库字段，如图 3-313 所示。这里可以把添加的字段理解成 Excel 表格的字段。

切换到报名端的界面，发现至少有姓名、手机、活动场次、备注 4 个字段需要存储，如图 3-314 所示。

虽然知道了要创建哪些字段，但这么多字段类型要如何选择，如图 3-315 所示。

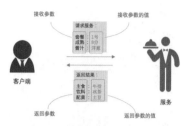

图 3-311

图 3-312

图 3-313

图 3-314

图 3-315

每一种字段都有其适合的场景，这里为大家进行简单的梳理。

文本：存储"字符串"类型的数据，比如姓名、标题、描述等。注意，有些看起来是数字的信息，如身份证号码、手机号，其实也建议存储为文本类型，因为它们本质上是一个"字符串"，并不需要数值的那些操作函数。另外，数值类型有数值大小限制，如 18 位的身份证号就超过了最大数值限制，而文本字段存储的最大字符数量是 65 535(英文字符)。

数值：存储数值类型的数据 (可以有小数)，针对数值类型的字段，在查询输出的时候，可以用大于、小于这样的操作判断，更新字段的时候，也可以用 + 和 × 这两个操作，而普通的文本字段，只能用"赋值"这个操作。在 iVX 中，数值字段对应于 MySQL 中的 Double 类型的字段，默认最大的整数位数是 15 位，最大的小数位数是 5 位。

图片：图片字段本质上就是一个文本字段，其存储的数据是图片的资源 URL。在后台 MySQL 数据表中，也是一个字符类型的字段。在 iVX 中，图片字段提供了显示图片及上传图片的功能，方便查看与上传图片。

时间：时间字段对应于 MySQL 中的 Datetime 类型的字段，用来存储一个特定的时间点，如 2019-07-05 19:35:35.000，可精确到毫秒。时间字段的意义在于其提供时间的比较，可以在输出时查询某个时间字段的时间大于或小于另一个时间的记录。

JSON：JSON 类型的字段，用于存储结构化的数据，比如可以将某个数组或者通用变量的值，直接存储至 JSON 字段。

在大致了解了不同字段类型的适用场景后，确认姓名、手机、活动场次、备注四个字段都是文本类型的字段，输入字段名称并单击"确定"按钮，并重复这个操作，如图 3-316 所示。

此外，还可以单击数据库面板中的 + 图标，手动添加一行数据，并且以修改 Excel 表格的方式去设置每一个数据的值，单击"保存修改"按钮，如图 3-317 所示。

手动添加数据的方法通常只会在做少量数据测试的时候使用，预制的数据通常使用导入表格的方法进行添加，如图 3-318 所示。

图 3-316

图 3-317

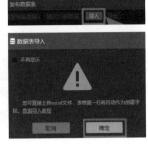
图 3-318

2. 制作提交报名数据的服务

了解了数据库的基本操作后，制作提交报名数据用到的服务，即在"报名页"中点击报名按钮时，需要将报名页的数据传输到数据库中，如图 3-319 所示。

选中"后台"根，在逻辑组件栏中单击"服务"图标，并将新添加的"服务"重命名为"提交报名数据"，如图 3-320 所示。

图 3-319

图 3-320

"提交报名数据"这个服务用于将前台的姓名、手机、活动场次、备注提交到数据库中。在这里添加四个"接收参数"，并将其分别命名为"姓名""手机""活动场次""备注"，如图 3-321 所示。

图 3-321

接着为其设置"返回参数"。通常情况下，任何一个服务都应该包含"是否成功""失败原因""提交结果"三个参数，这里就将这三个常用的返回参数设置在其中，如图 3-322 所示。

图 3-322

接着开始定义这个服务，服务的定义和事件的定义类似，只是"触发事件"已经写好了，只需设置"选择对象"和"选择动作"即可。

由于要在服务开始的时候，对"报名数据"这个数据库执行提交操作，所以将"选择对象"设置为"报名数据"这个数据库，展开"选择动作"的下拉菜单，选择"提交"，如图 3-323 所示。

此时会发现，编辑器自动加载了数据库中的四个字段，如图 3-324 所示。

图 3-323   图 3-324

可以测试一下，在数据库中再添加一个字段，如图 3-325 所示。

当单击"刷新"图标时，会发现刚刚新添加的字段也加载在了事件面板中，如图 3-326 所示。

图 3-325   图 3-326

理解了提交中事件面板的字段后，将刚刚添加的字段删除，并刷新事件面板，如图 3-327 所示。

数据库中的四个字段等于通过服务接收参数传递到后台的值，和"动作组"一样，这类参数都是在公式编辑器的下拉菜单中选中的。在接收参数中再添加一个参数，取名 test，可以发现下拉菜单的接收参数变成了 5 个，如图 3-328 所示。

删除刚刚添加的那个接收参数，如图 3-329 所示。

在下拉菜单中将接收参数和数据库的字段一一对应起来，这里由于数据库设计的字段和接收参数的字段的名称是完全一致的，所以公式编辑器中的内容和前面的选项也是一致的，如图 3-330 所示。接收参数和数据库字段的命名都是任意的，并没有严格的要求，最终形成个人风格且易于阅读的编程习惯就好。

图 3-327   图 3-328   图 3-329   图 3-330

接着为数据提交动作添加回调，在选中提交动作栏时，会发现右上侧的"回调"按钮亮起，单击它就可以添加一个回调栏，如图 3-331 所示。

在"完成"动作的"选择对象"下拉菜单中，选择"当前服务"，它会自动把设置的返回参数加载出来，如图 3-332 所示。

图 3-331

图 3-332

而自动加载出来的，就是之前在上方设置的返回参数，如图 3-333 所示。

参数包括"是否成功"选择下拉菜单中"提交结果"的"是否成功"；"失败原因"选择下拉菜单中"提交结果"的"失败原因"；"提交结果"选择下拉菜单中"提交结果"的"对象变量"，如图 3-334 所示。

图 3-333

图 3-334

在接收参数的调试值中随意写一些数据，并单击左上方的"调试"按钮，在"返回调试结果"面板中可以看到数据已经成功提交了，如图 3-335 所示。

图 3-335

选中"报名数据"数据库，会发现刚刚提交的这条数据也已经在其中，如图 3-336 所示。

这样就完成了提交报名数据服务的制作。

图 3-336

3. 制作输出报名信息的服务

接下来制作在查看端显示或者切换分页时，输出数据库中数据的服务，如图 3-337 所示。

用同样的方法在"后台"添加一个"服务"组件，将其命名为"输出报名信息"，如图 3-338 所示。

由原型知道数据并不是一口气全部输出的，需要做分页和条件的筛选，所以"接收参数"中添加用于分页的"页面"和"每页条数"，用于条件筛选的"姓名""手机""活动场次"，如图 3-339 所示。

图 3-337

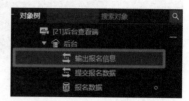

图 3-338

在"返回参数"中，除了服务常备的"是否成功""失败原因""输出结果"外，还需要添加用于分页显示的"总条数"，如图 3-340 所示。

进行服务的定义，"选择对象"还是选中"报名数据"这个数据库，

图 3-339

图 3-340

"选择动作"选择"统计数目"，在"筛选条件"中依次选择后台的字段名等于接收参数中对应的值，分别在下拉菜单中选中，并再次添加一个回调栏，如图 3-341 所示。

在"输出报名信息"服务下添加一个"数值变量"组件，将其重命名为"总量"，用于存储满足条件的统计结果，如图 3-342 所示。

在"完成"回调栏中为总量赋值，将"选择对象"选择为"总量"，展开"选择动作"的下拉菜单，选择"赋值"，将"值"选为下拉菜单中的"统计结果"，如图 3-343 所示。

图 3-341

图 3-342

图 3-343

选中"服务开始"事件栏，单击上方"动作"按钮，添加一个动作栏，将"选择对象"选择为"报名数据"，将"选择动作"设置为"输出"，如图 3-344 所示。

图 3-344

设置筛选条件和统计数目的筛选条件一致,将排序方式改为"降序",如图 3-345 所示。

图 3-345

"输出行数"是用来做分页的设置,如果在这里输入 1-2 行,就会把第一条和第二条数据输出。

这里介绍一个分页公式:(页面 -1)* 每页条数 +1 至页面 * 每页条数。

当"每页条数"为 2,"页面"为 1 时,该公式输出 1-2 条数据,"页面"为 2 时,输出 3-4 条数据,从而满足了分页的需求。将这个公式写入"输出行数"中,如图 3-346 所示。

接着仅选中需要的"数据ID""姓名""手机""活动场次""备注"字段,如图 3-347 所示。

图 3-346

图 3-347

在回调栏将"完成"改为"成功 (空数据)",将"选择对象"设置为"当前数据",根据数据库输出的回调分支进行判断,如果它输出成功,但是为空数据,对服务设置返回结果,将"是否成功"设置为"否","失败原因"设置为"无对应数据","总条数"设置为 0,如图 3-348 所示。

图 3-348

新添加一个回调栏,将"完成"改为"失败",将"选择对象"设置为"当前数据"。在设置返回结果中,将"是否成功"设置为"否","失败原因"设置为"服务器繁忙","总条数"设置为 0,如图 3-349 所示。

图 3-349

最后,再新添加一个回调栏,将"完成"改为"成功 (有数据)",将"选择对象"设置为"当前数据",在设置返回结果中,将"是否成功"设置为"是","输出结果"设置为"输出结果,对象数组,值",将"总条数"选择为"总量",如图 3-350 所示。

图 3-350

在"接受参数"的调试值中,将"页面"的参数设置为 1,"每页条数"设置为 2,"姓名""手机""活动场次"均设置为 $any。在 iVX 中,$any 就是满足任意条件的意思,任何查询字段中的筛选条件为 $any,都可以理解为"任意筛选值",或是"无视该条件"的意思。所以,在这个输出条件下,就是将数据库中的第一条和第二条数据输出,在"调试结果"面板中也可以看到这样的结果,如图 3-351 所示。

将姓名的调试值改为"张三",再次单击"调试"按钮,可以发现仅有"张三"的这条数据输出了。

至此,数据库和服务设置就完成了。

图 3-351

3.9.3 课后习题

多次调试"提交报名数据"服务，观察数据库中的数据 ID 字段有什么变化？若删除其中的一条，其他数据 ID 会有什么变化？若删除了最后一条，又添加了一条新的数据，数据 ID 是从哪里开始计数的？

3.10 我的表单收集 3.0

图 3-352

3.10.1 学习目标

(1) 进一步加深对组应用概念的理解。

(2) 了解微服务的概念和使用方法。

(3) 了解对象数组的使用场景和使用方法。

(4) 掌握循环创建的概念和使用方法。

(5) 掌握条件容器的概念和使用方法。

(6) 完成如图 3-352 所示的加入微服务后的移动端表单提交效果。

3.10.2 操作流程

1. 设置微服务

打开 iVX 编辑器，在"最近打开"列表中选择之前制作好的"表单收集"组应用，如图 3-353 所示。

在菜单栏的"组应用管理"中，单击"开发"按钮，打开组应用中的另一个案例，如图 3-354 所示。

组应用，就是可以使用同一套后台数据库的应用。在之前制作"后台查看端"的时候，将所有的服务都做在了"后台查看端"的"后台"根下，那么在用户报名端要如何引用这个服务呢？

首先选中之前做好的"提交报名数据"服务，将它位于"接收参数"上方的"设为微服务（组应用）"打开，如图 3-355 所示。

图 3-353

图 3-354

图 3-355

微服务，可以理解成一种应用间进行数据传输的接口，组应用的微服务就可以使同组的数据通过调用微服务的模式进行传输。

然后切换回"用户报名端"，选中"后台"根，单击菜单栏中的"后端资源"，并切换到"微服务"分类下，单击"提交报名数据"这个微服务，并单击"添加"按钮，如图 3-356 所示。

这样就在"后台"添加了一个创建好的微服务，单击"调试"按钮，也可以获取对应的反馈，如图 3-357 所示。

图 3-356   图 3-357

最后，切换到"后台查看端"的"报名数据"库，会发现刚刚调试的数据已经提交到数据库中了，如图 3-358 所示。

图 3-358

2. 制作提交数据事件

制作提交数据事件，提交这个动作是点击"报名"按钮时触发的，所以触发对象选择"报名"按钮，将"触发事件"设置为"点击"，如图 3-359 所示。

图 3-359

根据报名页信息得知，"姓名""手机""活动场次"都是必填选项，所以此处为点击事件添加一系列的条件。

选中"点击"事件栏，单击上方的"条件"按钮，添加条件栏，并将动作栏拖曳至条件栏中；将"且"的"值/对象"选择为"请输入姓名.内容"；将"="设置为"类型为"；将后面的"值/对象"设置为"空"（注意这里的"空"是通过下拉菜单选择的，而不是输入的，否则会报错）；在动作栏"选择对象"的下拉菜单中，选择"系统界面"；展开"选择动作"的下拉菜单，选择"显示提示语"，将"提示内容"设置为"请输入姓名"，如图 3-360 所示。

图 3-360

复制条件栏，在"点击"事件栏中粘贴，在新复制的条件栏中，将"且"改为"其余"；将"值/对象"选择为"请输入手机.内容"；将"类型为"改为"类型非"（"类型为""类型非"这类的判断都选择下拉菜单中的选项，或是 JS 的语法，输入中文会报错）；将后面的"值/对象"设置为"手机"（这里的"手机"也是通过下拉菜单选择的）；在动作栏"选择对象"的下拉菜单中，选择"系统界面"；展开"选择动作"的下拉菜单，选择"显示提示语"，将"提示内容"设置为"请输入正确的手机号码"，如图 3-361 所示。

图 3-361

同样的，再粘贴一个条件栏，将"且"改为"其余"，将"值/对象"选择为"请选择活动场次.当前选

中内容"，将"提示内容"设置
为"请选择活动场次"，如图 3-362
所示。

图 3-362

当上述三个条件都不满足，也
就是输入了姓名，填写了正确的手机号码，并选择了活动的场次时，即可调用后台的"提交报名数据"微服务。

再添加一个条件栏，将"且"改为"其余"，直接在"选择对象"中选择"提交报名数据"这个微服务，
在事件面板中会自动将设计好的字段加载出来，为其中每个字段分别选择"对象树"面板中对应组件的值，
如图 3-363 所示。

这里对返回结果也设置一些分支条件，当"返回结果是否成功"为"是"的时候，让"提示语"显示"报
名成功"，并且清空所有输入框。

为下方回调栏添加条件栏，并将动作栏拖曳至条件栏中；设置"且"后的"值/对象"为"返回结果.是
否成功"，在"="后的"值/对象"中输入"是"；在下方动作栏，将"选择对象"设置为"系统界面"，
展开"选择动作"的下拉菜单，选择"显示提示语"，将"提示内容"设置为"报名成功"；新添加 3 个动
作栏，分别将"选择对象"选择为页面的 3 个输入框"请输入姓名""请输入手机""请选择活动场次"；
将"请输入姓名""请输入手机"的"选择动作"设置为"清空内容"；将"请选择活动场次"的"选择动作"
设置为"清空已选项"，如图 3-364 所示。

图 3-363

图 3-364

其余情况下，就让系统界面去提示失败的原因。再为回调栏添加条件栏，将"且"改为"其余"，为条
件栏添加动作栏，在"选择对象"的下拉菜单中，选择"系统界面"，展开"选择动作"的下拉菜单，选择"显
示提示语"，在下拉菜单中将"提示内容"设置为"返回结果.失败原因"，如图 3-365 所示。

可以预览测试一下效果，在预览界面输入一些信息，并单击"报名"按钮，如图 3-366 所示。

可以发现系统提示报名成功，并且在数据库中也能找到提交的那条数据，如图 3-367 所示。

图 3-365

图 3-366

图 3-367

这样就完成了用户报名端的制作,单击"保存"按钮,再切换到"用户查看端",制作数据展示的相关事件。

3.添加对象数组

在"信息查看页"下方添加一个"对象数组"组件,如图 3-368 所示。双击将其重命名为"展示数据"。

选中"展示数据",使用"导入结构"的功能选择导入"报名数据"表中的结构,如图 3-369所示。

图 3-368

图 3-369

导入时也一并导入了很多数据库默认的字段,可以将鼠标悬浮在对应字段下,单击 × 图标将其删除,如图 3-370 所示。使用这个方法,将"提交用户""创建时间""更新时间"这几个字段删除。

可以在这个"对象数组"组件中,写入一些数据方便进行开发,这里随意写入 3 行数据,如图 3-371 所示。

图 3-370

选中"表格容器"组件,将它的"数据来源"绑定为"展示数据"这个对象数组,如图 3-372所示。

单击"自定义列"后的"编辑数据"按钮,依次输入"姓名""手机""活动场次""备注",在这里输入"自定义列"是为了固定表格的显示,以免其显示顺序混乱或者有冗余字段,如图 3-373 所示。

图 3-371

图 3-372

完成这一步后,可以预览查看效果,发现输入在"展示数据"这个对象数组中的值已经在"表格容器"中展示出来了。

图 3-373

4.添加动作组

在"信息查看页"下方添加一个"动作组"组件,并将其命名为"输出报名数据",如图 3-374 所示。

"动作组"由多个动作构成,包含一系列目标对象及选择动作。"动作组"对应用中重复出现的逻辑进行打包,通过调用"动作组"实现对复杂逻辑的调用,可以有效地降低应用复杂度,增强项目的维护性和可读性。合理规划"动作组"的打包层级,可以使事件主逻辑更加清晰,增强应用逻辑的可读性。

图 3-374

"动作组"的设计从某种意义上特别像是服务的设计,都包含"接收参数""返回参数"和定义,而在这个"动作组"中,要实现的功能就是输出报名数据。在"动作组"中添加一个"接收参数",输入"页面数",如图 3-375 所示。

图 3-375

由于在这个"动作组"中会对"展示数据"这个对象数组赋值，所以不需要再设置返回参数。当动作开始的时候，去调用后台的"输出报名信息"这个服务，页面对应着接收参数的页面数，所以从下拉选项中选择页面数。

将"动作开始"事件下的"选择对象"选择为"输出报名信息"服务。在"启用服务"下方的"页面"中，选择下拉菜单的"页面数"，如图 3-376 所示。

为"信息查看页"添加一个"数据变量"组件，重命名为"每页条数"，在左侧属性面板设置"值"为 4，如图 3-377 所示。

在"输出报名数据"动作组的动作栏中，选择"每页条数"这个数据变量，如图 3-378 所示。

| 图 3-376 | 图 3-377 | 图 3-378 |

接着要为"姓名"的公式编辑器赋值，在此之前需要明确一下交互逻辑，需要在下拉菜单中选中对应的类型再进行检索才是有效的条件检索，在不选择任何类型或是不输入任何内容的情况下都是任意条件筛选。

先做不输入任何内容的情况下，任意筛选的三元表达式：

$$输入框 .length==0? 任意筛选值 : 输入框内容$$

选择了对应类型的情况下，是搜索对应类型下输入框的内容，否则就是任意筛选值：

$$下拉菜单当前选中内容 == 对应类型？输入框的内容 : 任意筛选值$$

接着将两个三元表达式整合：

下拉菜单当前选中内容 ==(输入框 .length==0? 任意筛选值 : 输入框内容)? 输入框的内容 : 任意筛选值

在公式编辑器中，输入上述的值，如图 3-379 所示。

可以将"姓名"公式编辑器中的内容按快捷键 Ctrl+A 全选，再按快捷键 Ctrl+C 复制，在"手机"和"活动场次"的公式编辑器按快捷键 Ctrl+V 粘贴，并将三元表达式中选中内容的值进行修改，如图 3-380 所示。

| 图 3-379 | 图 3-380 |

在服务调用"完成"的情况下，进行服务的分支判断，如果返回结果是成功的，就对"展示数据"进行赋值。

为回调栏添加条件栏，并将动作栏拖曳至条件栏中；设置"且"后的"值 / 对象"为"返回结果 . 是否成功"，将动作栏的"选择对象"设置为"展示数据"数据变量；展开"选择动作"的下拉菜单，选择"赋值"，在下拉菜单中将"值"设置为"返回结果 . 输出结果"，如图 3-381 所示。

其余情况下让系统界面提示内容为返回结果的失败原因。再为回调栏添加条件栏，将"且"改为"其余"，为条件栏添加动作栏，在"选择对象"的下拉菜单中，选择"系统界面"，展开"选择动作"的下拉菜单，选择"显示提示语"，在下拉菜单中将"提示内容"设置为"返回结果 . 失败原因"，如图 3-382 所示。

| 图 3-381 | 图 3-382 |

5. 制作分页逻辑

接着来制作分页需要用的逻辑。

"分页"组件可以根据数据的总条数和每页的数据量自动去切换自己的展示，所以此处需要在"信息查看页"下新添加一个"数值变量"组件，命名为"总量"，如图 3-383 所示。

图 3-383

选中"分页"组件，在属性面板中将"数据总条数"绑定为"总量"值，将"每页数据条数"绑定为"每页条数"值，如图 3-384 所示。

选中"输出报名数据"动作组，在"展示数据"动作栏下添加一个动作栏，将"选择对象"设置为"总量"，展开"选择动作"下拉菜单，选择"赋值"选项，并且将"值"设置为"返回结果.总条数"，如图 3-385 所示。

失败的情况下对"总量"赋值为 0，在"系统界面"动作栏下添加一个动作栏，将"选择对象"设置为"总量"，展开"选择动作"下拉菜单，选择"赋值"选项，并且为"值"输入 0，如图 3-386 所示。

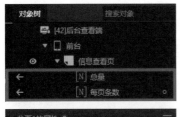

图 3-385

图 3-384

图 3-386

接着清空"展示数据""对象数组"组件的内容，并为输入框设置失焦时"触发输出报名数据"这个动作组的事件。

选中"请输入搜索内容"输入框，为其添加事件，在事件面板将"触发事件"设置为"失焦"，在下方动作栏将"选择对象"设置为"输出报名数据"动作组，为"页面数"输入 1，如图 3-387 所示。

图 3-387

选中"请选择"下拉菜单，为其添加事件，在事件面板将"触发事件"设置为"选择选项"，在下方动作栏将"选择对象"设置为"输出报名数据"动作组，为"页面数"输入 1，如图 3-388 所示。

图 3-388

选中"信息查看页"，为其添加事件，在事件面板将"触发事件"设置为"当前页面显示前"，在下方动作栏将"选择对象"设置为"输出报名数据"动作组，为"页面数"输入 1，如图 3-389 所示。

图 3-389

最后，对"分页"组件设置当前页面改变时触发输出报名数据这个动作组的事件，并将页面数赋值为下拉菜单的当前页码。选中"分页"组件，为其添加事件，在事件面板将"触发事件"设置为"当前页改变"，在下方动作栏将"选择对象"设置为"输出报名数据"动作组，在下拉菜单中将"页面数"设置为"当前页码"，如图 3-390 所示。

图 3-390

通过这一系列的设置，相信大家已经能够充分感受到"动作组"的优势了，本来每一个要触发输出报名信息动作的事件都要写非常雷同且冗余的数据，而通过"动作组"却可以既方便阅读又方便维护。至此，"表单收集"的全部内容就已经完成了，快预览看看效果吧。

3.10.3 课后习题

(1) 尝试不使用表格组件，使用"循环创建"的方法制作数据展示部分。

(2) 使用 Excel 表格组件下载前端展示的数据为 Excel 表格。

3.11 大屏互动

3.11.1 学习目标

(1) 进一步掌握动作组的使用方法。

(2) 了解对象数组的使用方法。

(3) 掌握连接组件发送全局消息的方法。

(4) 掌握连接组件接收全局消息的方法。

(5) 掌握二维码的使用场景与使用方法。

(6) 完成如图 3-391 所示的效果，用电脑访问网址后，通过扫描屏幕上的二维码，可用手机控制屏幕展示内容。

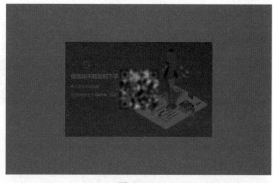

图 3-391

3.11.2 操作流程

1. 创建组应用

打开 iVX 编辑器，在"最近打开"列表中选择一个创建过的案例，如"我的自制导航栏"，如图 3-392 所示。

创建一个组应用，执行"文件 > 菜单组应用"菜单命令，如图 3-393 所示。

图 3-392

在"组应用标题"中输入"大屏互动",单击"确定"按钮,如图 3-394 所示。

在弹出的编辑器场景选择界面中,选择第一种"Web App、小程序",选择定位环境为"相对定位",并在"应用名称"处填入"大屏展示",单击"创建"按钮,完成第一个应用的创建,如图 3-395 所示。

图 3-393　　　　　　　　　　图 3-394　　　　　　　　　　图 3-395

2. 制作大屏展示页

将舞台的大小切换成"电脑"下的"小屏 1024*768",然后选中"前台"根,在"前台"下添加一个"页面"组件,并在"对象树"面板中双击"页面"组件,将其名称修改为"大屏展示页",并设置"竖直对齐"和"水平对齐"为"居中",如图 3-396 所示。

选中"大屏展示页"的情况下,单击"扩展组件"中"特殊功能容器"下的"轮播页容器"组件,如图 3-397 所示。

选中"轮播页容器 1"组件,将"宽度"改成 780px,"高度"改成 490px,如图 3-398 所示。若原本"宽度"的单位为百分比形式,则要在属性面板中直接输入 780px,单位就会变成 px。

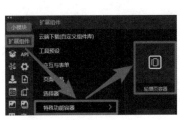

图 3-396　　　　　　　　　　图 3-397　　　　　　　　　　图 3-398

在"大屏展示页"下添加一个"对象数组"组件,命名为"图片资源",并添加一个"资源"字段,如图 3-399 所示。

"对象数组"组件的字段名非常重要,将字段名命名为"图片",如图 3-400 所示。

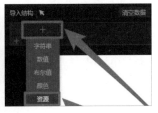

图 3-399　　　　　　　　　　　　　　　图 3-400

单击图标 ，添加 5 行数据，如图 3-401 所示。

依次单击 上传图标，将素材图片上传到对象数组中，如图 3-402 所示。

选中"轮播页容器"组件，在"轮播页容器"组件下添加一个"循环创建"容器，并将一个"轮播页"拖进"循环创建"容器，将另一个"轮播页"删除，如图 3-403 所示。

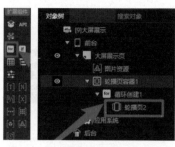

图 3-401   图 3-402   图 3-403

"循环创建"的本质，是将内部的组件复制数据来源的数组行数次，所以将"循环创建"的"数据来源"选择为"图片资源"对象数组，如图 3-404 所示。

这时候预览，就会发现轮播图已经有 5 页了，如图 3-405 所示。

设置轮播页的背景图，将"轮播页"的"背景图"绑定为"当前数据"的"图片"，如图 3-406 所示。

图 3-404   图 3-405   图 3-406

再次预览，可以看到每个轮播页都有自己的"背景图片"了，将"轮播页容器 1"的"自动播放"属性关闭，如图 3-407 所示。

为"大屏展示页"添加两个"动作组"，分别命名为"上一页"和"下一页"，并为动作组设置对应的轮播图切换事件，当动作开始的时候，让"轮播页容器"组件执行下 / 上一张轮播图动作。选中"上一页"动作组，在事件面板，将动作栏的"选择对象"选择为"轮播页容器 1"，展开"选择动作"下拉菜单，选择"上一张轮播图"；同理，为"下一页"动作组设置动作为"下一张轮播图"，如图 3-408 所示。

图 3-407

图 3-408

3. 制作控制页 UI

"大屏展示页"的准备工作做完后，接下来制作控制页的内容，单击菜单栏中"组应用管理"，单击"新建组内应用"按钮，命名为"控制端"，单击"创建"按钮，如图 3-409 所示。

在"前台"根下添加一个页面，命名为"控制页"，将"竖直对齐"设置为 space-between(等间距)，"水平对齐"设置为"居中"，如图 3-410 所示。

接着在页面下方添加两个"图标"组件，随意选择图标中有上下翻页提示的图标。此处，将"图标素材"选择为 arrow-up-circle 和 arrow-down-circle，如图 3-411 所示。将图标的宽高均设置为 200，便于实现点击图标时可以在大屏端切换页面的效果。

这样"控制端"的 UI 也制作完成了。

图 3-409

图 3-410

图 3-411

4. 添加组应用连接

接下来就是本案例的重头戏，连接组件的应用。在讲连接组件的使用场景之前，和大家区分一下主动接收消息和被动接收消息的差异，这也是服务和连接之间最大的差异。举个例子，用户点击进入了某一个商品页面，由于这个点击事件，服务器把这个商品详情返回给用户，进而用户可以查看商品的信息，这相当于是用户的主动请求获得了反馈；但是如果用户登录了微信，是不知道什么时候有人给自己发微信的，微信也不可能打开一次就去获取一次消息列表，所以在这个场景中，用户是被动接收反馈的。

所有的被动接收反馈，都需要用连接帮助实现这类功能。连接组件可以实现多个设备之间的信息传递，一般的应用场景包括：应用之间的数据即时共享；多人游戏的互动。

在"控制页"下添加一个"组应用连接"组件，如图 3-412 所示。

图 3-412

当点击 arrow-up-circle 图标的时候，希望传递给另一端上一页的请求，所以点击 arrow-up-circle 图标为其添加事件，当 arrow-up-circle 图标被点击时，让组应用连接发送全局消息。

选中 arrow-up-circle 图标，为其添加事件，在事件面板将"触发事件"设置为"点击"，在下方动作栏将"选择对象"设置为"组应用连接"，展开"选择动作"的下拉菜单，选择"发送全局消息"，如图 3-413 所示。

图 3-413

下方的消息名称和内容可以自定义输入，这里将消息名称改成 action，"值/对象"输入 up，如图 3-414 所示。

发送成功，可以在调试记录中看看发送的结果。将回调栏的"设置对象"设置为"应用系统"，展开"选择动作"的下拉菜单，选择"调试记录(console log)"，将"信息名称"设置为下拉菜单的"返回结果.值"，如图 3-415 所示。

图 3-414   图 3-415

要注意一点，针对所有收到消息的响应，都是做在"组应用连接"组件中的，所以这里不是制作接收到消息动作响应的地方。将这个点击事件复制一份，在 arrow-down-circle 图标中粘贴，并将"消息"后面的"值/对象"修改为 down，如图 3-416 所示。

图 3-416

选中添加在"控制页"下的"组应用连接"组件，按快捷键 Ctrl+C 复制，然后切换到"大屏展示端"，如图 3-417 所示。

选中"大屏展示页"，按快捷键 Ctrl+V 粘贴，如图 3-418 所示。

图 3-417   图 3-418

之所以直接复制粘贴而不去前端资源里添加，是因为如果两个应用连接的 sid 不同，就连接不上了。因此，需要用同一个连接的系统，最好都使用这样复制粘贴的方法。

刚刚说过，所有接受消息的相应动作要做在连接之中，为连接添加事件。由于刚刚在"控制端"使用的是"发送全局消息"，所以这里要用"收到全局消息"作为触发事件，这样每次"控制端"发消息，大屏端就会触发这个事件，如图 3-419 所示。

图 3-419

由于接收到的消息包含 up 和 down 两种情况，所以这里做一个条件判断，如果消息内容的 action(设置的消息名) 是 up，就执行上一页这个"动作组"。

在"收到全局消息"事件栏下添加一个条件栏，并将动作栏拖曳至条件栏下，将条件栏"且"后的"值 / 对象"设置为"消息内容 .action"；在"="后的"值 / 对象"中输入 up；将动作栏的"选择对象"设置为"上一页"动作组，如图 3-420 所示。

图 3-420

可以把这个条件复制一份，选中"收到全局消息"事件栏粘贴，并把条件和动作的差异部分进行修改，在"="后的"值 / 对象"中输入 down；将动作栏的"选择对象"设置为"下一页"动作组，如图 3-421 所示。

图 3-421

预览"控制端"和"大屏展示端"，操作"控制端"的按钮，大屏展示端也会有响应，这样大屏互动的主体部分就完成了。

5. 制作二维码

使用横幅组件制作二维码的容器，不仅可以制作二维码放在大屏展示端，扫码自动进入"控制端"并且让二维码隐藏，还能让二维码位于屏幕的中心，并且有蒙层。

在"大屏展示页"下添加一个"横幅(相对定位)"组件，重命名为"二维码"，并将"堆叠次序"设置为2，如图 3-422 所示。

图 3-422

将横幅的"背景颜色"清空，设置"整体布局"为"中心"，打开"背景蒙层"，将"蒙层颜色"的 Alpha 设置为 60，如图 3-423 所示。

接着在横幅内添加一个"二维码"组件，并将宽高均设置为 200px，如图 3-424 所示。

"二维码"组件可用于在案例中动态生成二维码。它具有以下基本功能：采用图形编码的方式携带信息，可通过微信内置的扫描二维码功能解析该信息，常见信息类型包括案例链接、用户动态生成的信息等；不同于通过图片方式插入的静态二维码，"二维码"组件可动态设置信息，再由系统自动生成二维码图形；通过保存图片功能可下载二维码，进行分享。

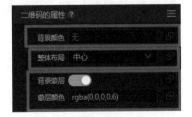

图 3-423

图 3-424

为二维码设置案例连接的功能，切换到"控制端"并单击预览，复制预览的连接，回到"大屏展示"端，选中"二维码"组件，在"二维码数据"中粘贴，如图 3-245 所示。

为"大屏展示页"添加一个"动作组"，命名为"隐藏二维码"，将其与下方动作组放在一起，它的事件就是让二维码这个横幅隐藏，将"选择对象"设置为"二维码"横幅，展开"选择动作"下拉菜单，选择"隐藏"，如图 3-426 所示。

切换到"控制端"，当"控制端"初始化的时候，通过连接发送一条全局消息。可以直接复制一份按钮的事件，粘贴在"前台"中，将事件面板 action 后的"值/对象"修改为 hide，如图 3-427 所示。

图 3-425

图 3-426

图 3-427

保存并预览"控制端"，切换回"大屏展示"端，选中"组应用连接"组件，打开其事件面板，把现有条件复制一份，选中"收到全局消息"事件栏粘贴，并把条件和动作的差异部分进行修改，在"="后的"值/对象"中输入 hide，将动作栏的"设置对象"设置为"隐藏二维码"动作组，如图 3-428 所示。

图 3-428

现在预览大屏展示端，当使用手机扫码预览时，就会进入"控制端"，并且二维码会隐藏，单击"控制端"的按钮，在展示端中也会有对应的展示。

这样就完成了大屏互动案例的制作。

3.11.3 课后习题

在实际操作中，更多的是使用"组应用连接"发送房间消息。请读者结合本节所学内容，尝试完成一个在线聊天室的制作。

第 4 章

进阶开发教程

4.1 数据变量

iVX 中存在几种不同的变量类型，分别用来保存不同格式的数据值。除了保存值的功能，变量还提供了一些方法供用户调用。

4.1.1 文本变量

文本变量用来存储单一字符或字符串，如果使用该变量存储数字，也会以文本形式进行存储。

4.1.2 数值变量

数值变量用来存储数值，基本类型包括浮点数（小数）、整数等，在使用"数值变量"组件时，也可以通过调用数值变量"生成随机数"的方法，将一个范围内随机生成的数赋值给该数值变量，如图 4-1 所示。

图 4-1

4.1.3 布尔变量

布尔变量的变量值只有两种状态：true 或 false，通常用于真假的判断。例如，某个组件属性类型是布尔类型时，可以用布尔变量进行数据绑定，如图 4-2 所示。

4.1.4 通用变量

通用变量为一种比较特殊的 Object 类型的数据变量，其初始值为空对象"{ }"。它的格式和类型是不确定的，可能为数组或对象，这取决于在使用时为其传入的结构是什么样的。作为一种结构化的数据变量，它一般用于存储具有多级结构的数据。

在使用通用变量时，可以通过添加节点的方式将变量结构化，也可以通过导入 JSON 格式的数据或选择某一数据库或变量导入结构自动生成各级节点。

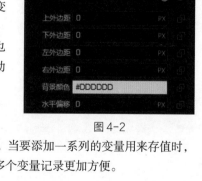

图 4-2

4.1.5 一维数组

一维数组通常用来存放一个有序数列，其中的值可以为任意类型。当要添加一系列的变量用来存值时，便可以使用一个一维数组代替多个变量，使用一维数组记录将比使用多个变量记录更加方便。

一维数组的元素通过"数组名 [索引号]"进行访问。

4.1.6 二维数组

二维数组可以看作是由一维数组的嵌套而构成的，二维数组的每个值可通过索引号读取。

二维数组的格式为"数组名 [X][Y]"（X、Y 为行号、列号）。

二维数组由于其具有规则的行、列结构，通常用于存储数据表。例如，学生信息表，对于每个学生都包含姓名、年龄、入学时间、照片等信息，如图 4-3 所示。

图 4-3

4.1.7 对象数组

对象数组的每个值通过索引和键名读取，由于使用键名获取每个对象内的数据，因而对象数组对位置不敏感，在使用过程中不需要关注数据处于第几列，能够更方便地使用，如图 4-4 所示。

对象数组的格式为数组名 [X][Y]"（X 为行号、Y 为键名）。

对象数组和二维数组本质上都是数组，在工具内两者的区别在于二维数组的元素是对象。

图 4-4

4.2 公共服务 API

4.2.1 API 的概念

应用程序编程接口 (application programming interface，API) 是一些预先定义、开发好的函数，允许通过接口的方式与外部进行数据通信，使得外部人员无须访问源码或理解内部工作机制即可调用该函数或硬件。例如，通过 Camera API，可以访问设备摄像头或调用相册中存储的图片；通过 Fullscreen API 可以向用户请求全屏显示，并退出全屏状态。

除了调用硬件 API 接口，在应用开发中还需要经常使用数据 API。数据 API 可能来源于自行开发的外部函数，也可以直接调用一些由其他平台运营的商用 API 服务，以获取一些常规数据。例如，天气预报、地理位置查询、手机号码归属地等。

iVX 提供了便捷易用的 API 组件，包括前台 API 和后台 API 两种类型，允许调用 API 并接收返回数据。前台 API 和后台 API，如图 4-5 和图 4-6 所示。

图 4-5

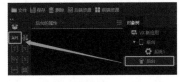

图 4-6

4.2.2 API 的要素

API 的原理和调用服务一样，需要给服务传入一些接收参数，再处理返回的结果。一个完整的 API 文档可能包含很多复杂的信息，其中请求地址与方式、接收参数和返回参数是需要关注的三要素。

1. 请求地址与方式

请求地址即 API 的接口地址，只有通过这个 URL 地址才能找到 API。除了 URL 地址，大多数 API 在请求时还规定了请求的方法，包括 get、post、delete、put 等。

通常情况下，当拥有了一个 API 的调用权限后，商用 API 都会提供完整的调用文档，比如聚合数据上提供的手机号归属地查询的接口地址。聚合数据上，手机号归属地查询的请求地址和请求方式，如图 4-7 所示。

接口地址: http://apis.juhe.cn/mobile/get

返回格式: json/xml

请求方式: get

图 4-7

2. 接收参数

接收参数也经常被称为请求参数，即在请求 API 的时候需要带上的信息。聚合数据上手机号归属地查询的接收参数，如图 4-8 所示。

图 4-8 中参数的意义是：当调用 API 时，需要告诉这个 API 要查询的手机号是什么，以及申请的 key。key 需要用户自己去平台申请，平台会根据这个 key 对 API 服务进行限制和扣费。另外，还有一个非必填的参数 dtype，可以声明返回的格式，不过不填写也不会影响返回结果。

图 4-8

> **注意**：申请 key 后要注意保密，以防造成不必要的损失。

3. 返回参数

返回参数，即 API 收到请求后返回的结果，如图 4-9 所示。

通过图 4-9 中返回参数说明表可知：API 会返回省份、城市、区号等信息。另外，大多数 API 都会返回一个错误码（返回码）及错误说明，标记这个 API 调用出错的情况，如超出每日允许使用次数、手机号格式不正确等。

图 4-9

4.2.3 API 的调试

1. API 的属性

在前台或后台添加一个 API 组件后，选中该组件，可以看到左侧的属性面板，如图 4-10 所示。

2. 调试 API

(1) 设置接口地址和调用方法。根据已有的接口文档说明，设置接口地址，确认调用方法和请求类型。填入 API 的 URL 地址和下拉选择调用方法，如图 4-11 所示。

(2) 设置接收参数（请求参数）。接收参数分为 header 参数和 body 参数，大多数情况下，只需要添加 body 参数。这个 API 需要设置的接收参数为 phone 和 key，如图 4-12 所示。也可以直接复制粘贴 JSON 格式的 body，如图 4-13 所示。JSON 对象会被解析成和上方一样的内容。

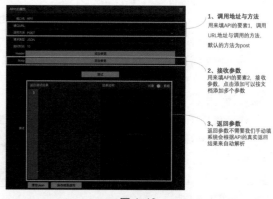

图 4-10

图 4-11

图 4-12

图 4-13

（3）返回参数。执行完以上两个操作后，就到了调试阶段。单击属性面板中的"调试"按钮，下方就会返回 API 的调试结果，如图 4-14 所示。收到返回结果后，可以单击右下方的"保存结果结构"按钮，系统会自动将返回的结果解析为 JSON 结构，如图 4-15 所示。

图 4-14

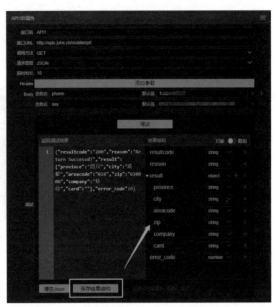

图 4-15

这个结构解析功能和通用变量是类似的，解析的结果在之后使用 API 信息的时候会帮助快速地找到需要的内容。

关于 JSON 结构解析，可以具体参考通用变量组件。

最后来比较一下解析出来的结果与 API 文档上的说明，如图 4-16 所示。相比文档，API 的真实返回结果多了两个参数，resultcode 和 card。这是很正常的现象，在使用第三方 API 的时候，经常会遇到真实返回结果和文档不一致的情况，因为文档没有办法保证实时更新。因此，在使用任何 API 时，都不要完全依赖文档，而是要相信自己调试出来的结果。

真实的返回结果　　　　　　　文档说明

图 4-16

4.2.4 API 的使用

1. 前台调用 API

完成 API 的调试后，就可以添加事件动作去调用 API。这里的逻辑是在点击按钮时，将用户在输入框中填写的手机号发送给 API，然后把 API 的返回结果显示出来，如图 4-17 所示。

调用 API 的流程和调用一个服务的流程是完全一样的，即"发起请求→填写接收参数→返回请求结果"。

图 4-17

iVX 通用无代码编程

注意，这个返回结果的下拉菜单选项，是由结果格式决定的，如省的信息就是在返回结果 result.province 中，因此可以在公式编辑器中直接选择。这也是为什么需要在上一步 API 调试后，保存结果结构。如果没有这个步骤，只是调试的话，事件面板就无法自动给出这个下拉菜单选项。

2. 后台调用 API

前台的 API 和后台 API 的基本使用方法是一样的，只是后台的 API，发起请求的起点是 iVX 后台服务，可以等 API 返回后，一起进行数据处理，然后再返回给前台，如图 4-18 所示。

图 4-18

使用后台调用 API 的好处主要是安全性，比如有一个付费的 API，它的 API key 不希望被其他人知道，这时就可以用这个 key 调用付费 API 了，通过后台服务调用的 API 其他人无法通过浏览器看到 API 的请求参数。

注意：由于后台服务的默认超时时长是 10 秒，因此如果某个 API 的等待时长非常长，可能会导致服务超时，此时只能通过前端调用的方法调用了。

3. 后台服务转 API

iVX 应用中开发的后台服务，可设为公共服务后便转为 REST API，可供第三方应用或自身使用。

比如，用户可以在另一个 iVX 应用中，调用当前服务进行数据的查询、插入、登记等，而不需要在另一个应用中添加同一套服务逻辑。同时，用户也可以在其他非 iVX 开发的应用中调用服务，如用户已经有了一套小程序的前端代码，就可以使用 iVX 快速搭建应用的后台，将服务设置为公共服务之后，在小程序前端直接调用。

当建好一个服务以后，把图 4-19 中的"设为公共服务"按钮打开，并在后面输入框中输入这个服务的名称，这代表着这个服务可以通过 API 组件进行数据请求。图中的这个 API 没有入参，只有一个返回参数 resData。

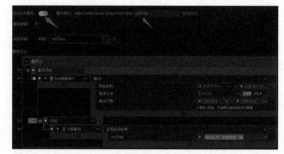

注意：公共服务可以在任意案例中添加使用，但将一个服务设置为公共服务后，由于要供第三方应用调用，服务的参数将不会加密。因此，在没有必要的时候，尽量不要打开"设为公共服务"开关。

图 4-19

目前，iVX 的公共服务默认使用 POST 进行请求，并返回 JSON。在 iVX 中，只需要新建一个 API 组件，填入公共服务的地址，然后使用 POST 类型请求 JSON 数据，单击下面的"调试"按钮即可，如图 4-20 所示。

> **注意**：公共服务固定以 POST 方式请求 JSON 数据，请合理组织、划分公共服务。

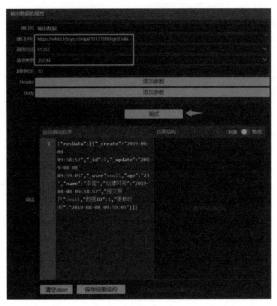

图 4-20

前端开发者、小程序开发者，或者 iOS/Android 开发者，使用这一功能都能够非常快速地构建一个后台，并暴露出相应的 API(公共服务)，如图 4-21 所示。

图 4-21

和普通的 iVX 应用一样，公共服务也分预览版本与发布版本。用户可以使用预览版的公共服务进行调试，只需要将 URL 前缀换成预览版即可，预览版仅供调试，请勿正式投入生产。建议公开给第三方应用的服务都是发布版本，默认的 URL 地址为发布版本 URL 地址，且使用的数据库为发布版本的数据库。如果一个应用尚未发布，或发布之后尚未更新，则开发服务的返回结果会出现异常。比如，当应用未发布时，调用发布版本的公共服务，会返回如图 4-22 所示的报错。

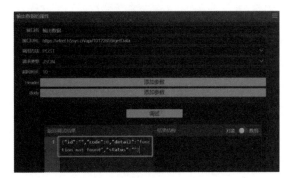

图 4-22

公共服务请做好用户权限控制，避免被恶意使用而造成额外费用或虚拟机负载过高。可以配合用户组件或账号系统组件的权限配置控制调用权限，或在团队内部使用时，通过后台调用公共服务 API，而不是把参数暴露在前端。切记不要做一个在前端调用且没有权限控制的公共服务。

4.3 自定义函数

4.3.1 自定义函数用途

虽然 iVX 为 0 代码开发的工具，但是在一些情况下也需要使用代码：

首先，代码可以处理复杂逻辑。如果逻辑相对比较复杂，使用"动作组"会使整个事件面板内容过长，难以排除和修改程序错误。此时，可以增加代码，帮助系统更好地完成需求。

其次，代码可以操作 DOM。有时候需要对操作页面上的一些组件进行统一修改，如为所有按钮添加事件监听函数、删除工具预览案例时左上角的黑色条带、在 head 标签内添加 SEO 字段等，这些工作都可以通过输入代码轻松完成。

最后，代码可以引用外部 JS 库。JS 拥有非常多的库，可以通过这些库完成一些特定的扩展功能。可借助代码引用外部 JS 库，以快速构建项目。

4.3.2 同步和异步函数

在 JS 中，函数按照其执行的顺序分为同步函数和异步函数。

同步函数在调用时会立刻执行并阻塞其后面的其他动作的执行；异步函数在调用时会先跳过并执行其后方的所有同步函数，待到所有的同步函数执行完成，再去执行异步函数的序列。

在向后台请求数据时，如果使用同步函数，就需要等后台返回数据完成后才能执行后续操作，如果网络状况不确定，那么需要等待较长的时间。而此时使用异步函数就会将该请求先返回，先去执行其他的操作，最后在回调中去处理请求到的数据。因此，异步函数可以有效地解决系统阻塞的问题，在进行请求数据等需要耗费时间的操作时，使用异步函数能给用户更优质的体验。

使用同步函数时，直接在函数尾 return 输出结果即可，如图 4-23 所示。

使用异步函数时，需要借助函数：_funcCb(true, object)，这是一个特殊的函数，前面是固定写法，object 是一个含有"返回参数"+"返回值"的对象，如图 4-24 所示。

在分别调用同步和异步函数后，同步函数的回调会立刻执行，异步函数的回调则会在所有同步函数的结尾执行，如图 4-25 所示。

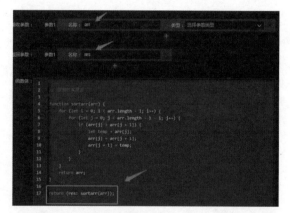

图 4-23

图 4-24

图 4-25

4.4 使用小模块开发

4.4.1 小模块概述

1. 什么是小模块

小模块是用户自定义的"功能组合单元"，制作完成的小模块，可以像普通的组件一样添加在"对象树"面板中使用，也可以将小模块上传至云端小模块库，在不同的应用之间共享。

> 注意：尽管可以制作弹窗并将其放在一个容器组件里，然后用复制/跨案例复制实现重用，但这种复制粘贴的方法相比小模块的方法还是有明显的不足，除了管理麻烦之外，在版本更新上也有致命的缺陷。比如，已经复制粘贴了多个弹窗容器，但由于某种原因需要进行一些修改，那就需要把所有复制粘贴的弹窗都逐一修改，非常麻烦。如果使用小模块，就不存在这个问题，只要更新小模块定义，所有小模块的实例就会同步更新了。

2. 小模块的作用

(1) 功能重用。小模块将经常需要用到的功能打包上传，避免重复工作。比如，制作了一个特定样式的弹窗，在多个应用中需要多次使用这个弹窗，那就可以将这个弹窗做成一个小模块，在需要使用的时候添加小模块即可。

(2) 功能模块打包。在有些场景下，即使不需要重用某个功能模块，也可以将其包成一个小模块，即将一大堆"对象树"面板里的对象结构打包成一个小模块组件。这样做的好处是便于将案例进行结构化整理，把某些复杂的功能模块进行封装打包，确保模块内部功能和外部功能相互独立，让应用更好理解与维护。

小模块分为前端小模块、后台小模块与前后台综合小模块，前端小模块仅可添加在"前台"根下，后台小模块仅可添加在"后台"根下，综合小模块添加之后可同时在"前台"和"后台"根下添加一个相应的实例。

3. 小模块定义与小模块实例

小模块的制作者，负责制作一个小模块的定义，而当在应用中添加小模块时，就按这个小模块定义生成相应的小模块实例，如图 4-26 所示。

图 4-26

如果把小模块看成是一个产品的"零件"，那小模块的定义就是这个零件的"母版"，而在应用中添加的小模块实例就是这个零件的实体。一个母版可以生产出多个零件实体。

在 iVX 中，小模块的定义是作为应用主体的一部分存储在一个专门的小模块根中，而所有的小模块实例都产自这个小模块根下的小模块定义。

如图 4-27 所示，在这个应用中添加了两个小模块定义，分别在"前台"的两个页面下创建了实例。注意"按钮"这个小模块定义，在两个页面中都创建了实例。

图 4-27

4.4.2 小模块模式

在 iVX 中创建小模块，有两种模式，一种是应用内小模块，一种是云端小模块。其中，应用内小模块在应用内创建，只能在当前应用使用；云端小模块，可保存在云端，供不同的应用下载，并提供版本更新同步功能。

如图 4-28 所示，应用内小模块与云端小模块有不同的创建入口。

创建之后，每一种小模块有不同的使用流程，如图 4-29 所示。

应用内小模块，会直接添加至应用内的小模块定义池中。云端小模块，会单独打开一个专属的编辑壳应用，编辑完成后，可发布上传至云端小模块库。如果某个应用需要使用一个云端小模块，则需要从云端小模块定义库中再下载至本地小模块定义池中。如果云端小模块的版本更新，也可以在应用内小模块定义池中进行版本更新。

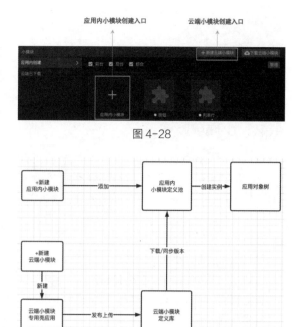
图 4-28

图 4-29

> 注意：无论是应用内创建的小模块，还是云端的小模块，都需要先添加至应用内的小模块定义池后，方可在"对象树"面板中添加相应的小模块实例。

4.4.3 应用内小模块

1. 创建应用内小模块

应用内小模块只能在该应用中使用，在组件栏中通过"小模块→应用内创建→应用内小模块"，可以创建"绝对／相对"定位的"前台"小模块、"后台"小模块、"综合"小模块，如图 4-30 所示。

2. 编辑与预览应用内小模块

成功创建小模块后，"对象树"面板中会新增"小模块"组件，"小模块"组件内含"公共数据""公共方法""自定义事件"功能，如图 4-31 所示。

图 4-30

以"前台小模块"为例，"前台小模块"相当于小模块的根目录，可以在此添加普通的组件，如文本、图片，并添加事件，最后选中"前台小模块"，单击"编译保存"按钮，如图 4-32 所示。

图 4-31

图 4-32

保存后的小模块，可回到前台添加到"前台"对象树面板，预览应用的时候，即可在播放地址看到添加后的小模块，如图 4-33 所示。

(1) 设置自定义属性。小模块"组件"的"公共数据"功能中可添加各种变量，添加的变量会作为小模块的属性，即可被前台下的其他对象调用或者设置属性，如图 4-34 和图 4-35 所示。

图 4-33

图 4-34

图 4-35

"后台"小模块和"综合"小模块的后台部分有"自定义配置"，在"自定义配置"添加变量（但不填值），可以将某些特殊"后台"小模块需要调用的 API 中包含的 AppID 和 AppSecret 等重要信息从小模块中脱离。最后在编辑器"配置"的"自定义配置"中填入，避免重要信息被黑客破解获取，如图 4-36 和图 4-37 所示。

图 4-36

图 4-37

(2) 设置自定义动作。"小模块"组件的"公共方法"功能中可添加"动作组"组件，加在"公共方法"下的"动作组"中，可被"前台"下的对象触发，如图 4-38 所示。

图 4-38

(3) 设置自定义事件。当小模块内的对象触发事件并将运算结果抛到前台的时候，需要用到"自定义事件"。在小模块的"自定义事件"下添加"自定义事件 1"，设置事件参数是 result，如图 4-39 所示。

图 4-39

小模块内部的对象触发普通的事件（如赋值运算后抛出结果），并调用"自定义事件 1"抛到前台，如图 4-40 所示。

前台的小模块实例可以通过"自定义事件 1"作为"触发事件"，获取小模块抛出的 result 值，传送给前台下的其他对象，如图 4-41 所示。

图 4-40

图 4-41

3. 制作"后台"小模块

在组件栏中选择"小模块→应用内创建",然后选择"后台"选项,新建小模块,如图 4-42 所示。

"后台"小模块的公共方法,是使用服务作为"后台"小模块的动作,即服务触发"后台"小模块内部的对象或动作,如图 4-43 所示。

4. 制作"综合"小模块

"综合"小模块是包含了前台部分和后台部分的小模块,可以在综合小模块的"前台"调用"综合"小模块"后台"的服务、数据库等内容,如图 4-44 所示。

图 4-42

图 4-43

图 4-44

4.4.4 云端小模块

1. 创建云端小模块

云端小模块可在"小模块"中新建,新建之后会打开新的编辑器界面,如图 4-45 所示。

图 4-45

在"小模块编辑"模式中制作小模块,如图 4-46 所示。

制作过程中如果需要调试,可以切换到"预览小模块"模式,将小模块添加到"前台",并像普通案例一样预览和保存,如图 4-47 所示。

图 4-46

图 4-47

2. 上传云端小模块

云端小模块制作完成后，可选择分类后上传到云端，如图 4-48 所示。

3. 管理云端小模块

管理删除云端小模块时，可批量选中后删除，也可选中对应云端小模块，单击"删除"按钮，如图 4-49 所示。

图 4-48

图 4-49

4. 添加云端小模块

在需要添加小模块的应用中，单击"下载云端小模块"。选中需要下载的小模块，单击"下载"按钮，即可将其下载到"云端已下载"中，如图 4-50 所示。

单击"云端已下载"中的小模块，单击"添加"按钮，即可将其添加到应用的"前台"中使用，如图 4-51 所示。

5. 云端小模块的修改

如果需要修改云端小模块，可以通过"下载云端小模块"的入口，单击要修改的小模块的"编辑小模块"按钮，如图 4-52 所示。

修改完毕后，再次发布上传，小模块会更新到下一个版本，如图 4-53 所示。

图 4-50

图 4-51

图 4-52

图 4-53

4.5 引入自定义组件库

4.5.1 组件库功能概述

自定义组件库，支持开发者自行向 iVX 项目中添加前端组件，如图 4-54 所示。添加至项目中的自定义组件，可以和普通的系统前端组件一样使用。

由于目前 iVX 的前端项目使用 react 框架 (当前版本 16.13)，因此所有自定义组件都需要使用 react 组件的编写方法，开发者需要有一定的 react 框架使用基础。

图 4-54

4.5.2 组件库基础操作

自定义组件库的开发与使用流程，如图 4-55 所示。

首先，组件的开发者开发完组件后，将组件库定义上传至云端库，一个库可以包含多个组件，也可以仅包含一个组件。

然后，组件的使用者 (即应用的开发者)，将云端组件库的定义下载至应用内的组件库。由于自定义组件的最小存储单位是"库"，因此必须按库下

图 4-55

载组件定义，无法单独下载某个组件库中的单个组件。组件库定义一旦下载至应用内组件库后，应用开发者就可以像使用系统组件一样使用自定义组件了。

⚠ 注意：当云端组件库的版本有更新时，可以在应用内的组件库中去更新组件库的定义。定义更新后，项目中使用到的该库中的所有的组件实例都会同步更新。

---

1. 创建自定义组件库

在"扩展组件"面板下，可以创建一个新的自定义组件库，如图 4-56 所示。

单击"创建"按钮之后，系统会新建一个自定义组件库的"壳应用"，这个壳应用和普通的应用类似，也会出现在工作台中，只是无法发布上架，仅用作自定义组件的编辑和调试。

2. 组件编辑与预览

自定义组件的壳应用编辑器，有"组件库编辑"与"预览组件库"两个编辑模式，如图 4-57 所示。

图 4-56

图 4-57

在导航栏上，可以对这两个模式进行切换。其中，"组件库编辑"模式，用于自定义组件的代码开发；"预览组件库"模式，提供一个普通的应用编辑环境，可以添加刚刚开发完的组件，像普通应用一样进行预览。

"组件库编辑"模式的编辑界面，如图 4-58 所示。右侧"对象树"面板，用于添加组件库的构成部件，这些部件的添加和使用方法类似普通应用中的组件，但为了和"自定义组件"区分，在这里称这些"对象树"面板下添加的子对象为"部件"；左侧的编辑面板，类似普通对象的属性面板，用于组件代码的编写。

"预览组件库"模式的界面，如图 4-59 所示。预览模式界面，和普通的应用编辑界面是完全一样的，唯一的不同是在右下角有一个"在编组件面板"，可以添加当前壳应用内包含的各个组件，用于功能预览。同时，可以添加其他 iVX 组件配合进行预览。比如，添加一个普通的按钮，用一个点击事件触发一个弹窗自定义组件的出现。

图 4-58

图 4-59

> ! 注意：编辑中的自定义组件，必须进行编译之后，才会出现在这个在编组件面板中。

4.5.3 组件库的构成

每一个组件库，都由部件构成，如图 4-60 所示。

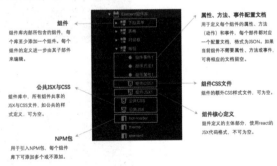

图 4-60

4.5.4 组件库开发步骤

开发一个自定义组件库的步骤主要包含：引入 NPM 包(可跳过)；添加组件，编写组件 JSX 文件(核心步骤，不可跳过)；填写属性、方法(动作)、事件配置文档(可根据组件需求选择性填写)；编译调试；上传发布组件库。本节将详细介绍怎样从零开始开发一个自定义组件库。

iVX 提供了自定义组件库的壳应用模板，模板中分别引入 Ant design、Element、Material 三个常用的 UI 库，每个库都制作了 4 个组件，包括按钮、提示弹框、下拉菜单与数据表格。接下来，以 Ant design 的组件库为例，详细讲解每一个步骤。

1. 引入 NPM 包

自定义组件支持引入一个或多个外部的 NPM 包，也可以不引入任何 NPM 包，如图 4-61 所示。

Ant design 组件库需要引入两个 NPM 包，暂时不指定版本，系统在组件编译时会自动使用当前包最新的版本。

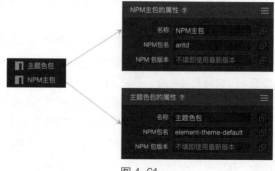

图 4-61

2. 开始编写组件 JSX

组件 JSX 文件，是组件的核心代码定义，不可为空。以 Ant design 库为例，讲解 JSX 文件的编辑要点。

引用 JSX 需要的相关库：

import React from 'react' // 引用 react，iVX 环境自定 react 库，不需要额外引入 NPM 包

import { Button } from 'antd' // 引入 antd 的按钮，来自之前引入的 antd NPM 包

import 'antd/dist/antd.css' // 引入 antd 库的 CSS 文件

开始编写类，创建一个 React Component 类：

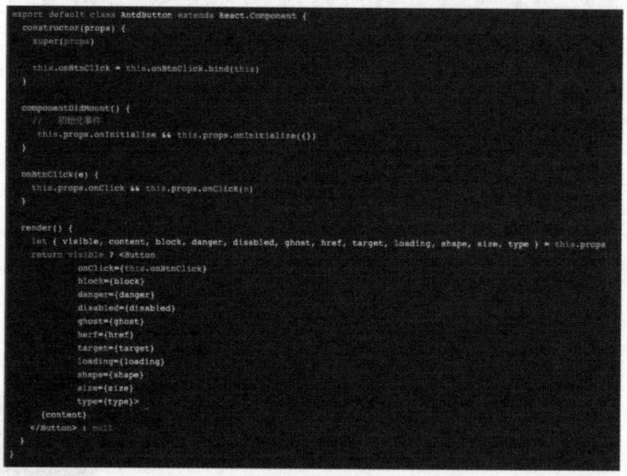

export default class XXXX extends React.Component {

// 这里写代码

}

注意，这里的类名 XXXX 要以大写开头。以 button 组件为例，JSX 代码如图 4-62 所示。

```
export default class AntdButton extends React.Component {
  constructor(props) {
    super(props)

    this.onBtnClick = this.onBtnClick.bind(this)
  }

  componentDidMount() {
    //   初始化事件
     this.props.onInitialize && this.props.onInitialize({})
  }

  onBtnClick(e) {
    this.props.onClick && this.props.onClick(e)
  }

  render() {
    let { visible, content, block, danger, disabled, ghost, href, target, loading, shape, size, type } = this.props
    return visible ? <Button
            onClick={this.onBtnClick}
            block={block}
            danger={danger}
            disabled={disabled}
            ghost={ghost}
            herf={href}
            target={target}
            loading={loading}
            shape={shape}
            size={size}
            type={type}>
      {content}
    </Button> : null
  }
}
```

图 4-62

3. 开发组件属性

组件属性的制作包含两个部分。

(1) 在 JSX 文件中定义属性渲染规则，如图 4-63 所示。

```
  render() {
    let { visible, content, block, danger, disabled, ghost, href, target, loading, shape, size, type } = this.props
    return visible ? <Button
            onClick={this.onBtnClick}
            block={block}
            danger={danger}
            disabled={disabled}
            ghost={ghost}
            herf={href}
            target={target}
            loading={loading}
            shape={shape}
            size={size}
            type={type}>
      {content}
    </Button> : null
  }
```

图 4-63

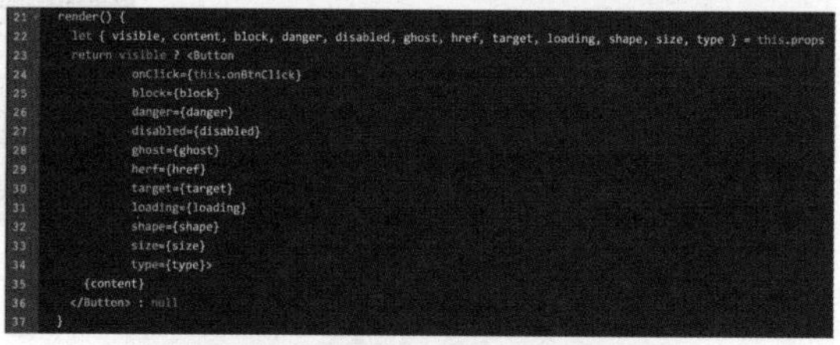

在 render 函数中，首先定义了 iVX 组件的内部属性集合，这些属性集合中的属性，就是希望出现在属性面板中的属性了。

首先，将需要抽取出来的组件库中组件自带的属性，与 iVX 内的属性名称进行对应。在这个例子中，没有进行任何修改，直接沿用了组件原始的名称，之后可以进一步在属性配置文档中对这些属性进行翻译和说明。

然后，额外添加了一个 visible 属性，这个属性即 iVX 编辑器中的“可见属性”，如图 4-64 所示。当这个属性关闭时，将不渲染这个组件，方便在编辑器中进行控制。

最后，为各个属性添加默认值，这个步骤是可选、非必需的。

```
let defaultProps = {
  visible: true,
  content: '按钮',
  block: false,
  danger: false,
  disabled: false,
  ghost: false,
  loading: false,
  size: 'middle',
  type: 'default'
}

AntdButton.defaultProps = defaultProps
```

图 4-64

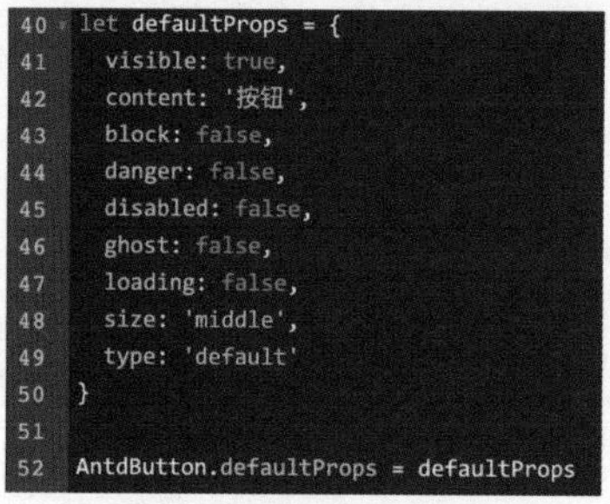

(2) 配置属性文档。组件属性的配置文档，是另一个组件的构成部件，用于定义属性面板的行为，如图 4-65 所示。其内部是一个 JSON 格式的文件，如图 4-66 所示。

图 4-65

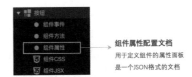

组件属性配置文档
用于定义组件的属性面板
是一个JSON格式的文档

图 4-66

JSON 的结构是一个标准的对象数组，外层是一个数组，代表多个属性，每个数组元素是一个对象，除了 name 和 type，其他都是非必填字段，每个字段的意义，如图 4-67 和图 4-68 所示。

参数	用途	必填	说明
name	名称	是	对应 组件JSX中的this.props的属性
type	类型	是	常用的选项会在type的说明展开描述
defaultValue/default	默认值	否	和组件JSX中defaultprops中name的属性值一致，不会写入组件的props中，为了和组件的表现保持一致
initValue/init	初始值	否	会写入组件的props中，改变组件的默认属性
group/groupName	分组名称	否	可以选用默认选项，默认选项会自带翻译（常用选项会在 group的说明展开描述）用户还可以自定义group的名称
isAbsolute	是否只出现在绝对定位情况	否	让属性在绝对定位情况下才会出现
locale	名称的翻译	否	以对象形式存在：{zh: 'xxx', en: 'xxx'}，一般只需填写zh
disVBind	不允许做绑定	否	使属性不可变为绑定形式
initBind	初始以绑定形式展示	否	使属性在属性面板初始以绑定形式展示
affectPropsShow	是否影响其他属性的隐藏显示	否	布尔值存在，一般与hidePropBy联合使用

hidePropBy	受某些对象值在属性面板隐藏显示时设置	否	如 {
			   "name": "pagination",
			   "includeEmpty": true,
			   "values": [false]
			}，其中name为影响对象，includeEmpty为对象为空时也隐藏当前对象，value数组为影响对象取值范围在其内时，当前对象在属性面板隐藏

图 4-67

参数	用途	必填	说明
allowEmpty	是否允许值为空	否	配合type的Number, Integer等数值类型使用
unit	数组属性单位	否	配合type的Number, Integer等数值类型使用
options	可选选项	否/当type为Select时必填	当type为Select时有效，输入为数组，如["default", "middle", "small"]
optionsEmpty	选项是否有"无"选项	否	当type为Select时有效，为选项添加"无"选项

optionLocales	选项翻译	否	当type为Select时有效，输入为对象数组，如
			{
			   "default": {
			      "zh": "默认"
			   },
			   "middle": {
			      "zh": "中"
			   },
			   "small": {
			      "zh": "小"
			   }
			}，其中对象的key为options的选项，key对应的部分为翻译内容，与locale写法一致

desc	对属性的描述	否	会出现在属性面板名称的问号icon，与locale写法一致

objArr	配合type为Array，转为对象数组	否	{
			   "headers": "headers", // headers名称
			   "value": "objArr" // 值的名称
			}

图 4-68

type 字段说明，如图 4-69 所示。

group 字段说明，如图 4-70 所示。

名称	说明
String	字符
Boolean	布尔值
Select	选项
Number	数字
Percentage	百分比
Integer	整数
Hidden	隐藏属性
PercentPxInt	可填写 % 或 px 的正整数数值，如 12px、10%
PercentPx	可填写 % 或 px 的数值，如 12px、10.5%
Color	颜色

图 4-69

名称	说明/翻译
content	内容
fontStyle	字体设置
optionStyle	选项设置
icon	图标设置
play	播放设置
stroke	笔画设置
shape	形状设置
layout	排版设置
rotation	旋转设置
scale	放缩设置
border	边框与圆角
shadow	阴影设置
filter	滤镜效果
presentation	展示属性
styles	样式

图 4-70

4. 定义组件方法

组件方法的定义包含如下两部分。

(1) 在 JSX 文件中编写方法代码。在 JSX 的 class 定义中，需要声明相应的方法，如图 4-71 所示，在代码片段中定义了提示框组件的两个方法。

(2) 填写方法配置文档。组件方法配置文档，如图 4-72 所示。

方法定义的 JSON 文件也是一个对象数组，每个数组元素对应一个方法。比如，针对以上的提示框组件 JSX 中定义的方法，配置文档写法，如图 4-73 所示。

方法对象内的字段说明，如图 4-74 所示。

图 4-71

图 4-72

图 4-73

参数	用途	必填	说明
name	名称	是	当方法以 _ 开头，则以特殊属性的形式出现在公式编辑器中
locale	名称的翻译	否	与属性的locale写法一致
params	参数	否	方法的参数定义，具体可参考 Params 的说明
paramsAsObj	参数作为一个对象传入方法	否	true/false，如true时，将params的所有参数合并成方法的一个参数，比如原来方法的参数为param1,param2，设置true时，方法会变成{param1, param2}
desc	对动作的描述	否	会出现动作块的问号icon，与locale写法一致
callback	回调	否	当动作有回调时需要设置此参数，此参数是一个对象，callback的说明内有具体写法说明

图 4-74

其中，params 为一个数组，用来定义方法的入参，每个对象的参数说明，如图 4-75 所示。params 中的 type 说明，如图 4-76 所示。

callback 用于定义动作的回调，在 JSX 内写法一般是定义了动作后，最后一个参数为回调，比如：

function Demo (param1， param2， cb){

cb(status， {xx: yy})// cb 为回调，status 为回调的状态，{xx: yy} 为回调的参数

}

callback 内的参数说明，如图 4-77 所示。

参数	是否必填	说明
name	是	参数的名称
locale		名称的翻译，与属性的locale写法一致
type	是	参数的类型，可选选项参考 type的说明
desc	对参数的描述	会出现动作块参数的问号icon，与locale写法一致
value/defaultValue	否	参数的默认值
options	否/当type为Select时必填	当type为Select时有效，输入为数组，如 ["default", "middle", "small"]

optionLocales	否	当type为Select时有效，输入为对象数组，如
		{
		  "default": {
		    "zh": "默认"
		  },
		  "middle": {
		    "zh": "中"
		  },
		  "small": {
		    "zh": "小"
		  }
		}
		其中，对象的key为options的选项，key对应的部分为翻译内容，与locale写法一致

图 4-75

名称	说明
Formula	公式编辑器
FormulaColor	带颜色选择器的公式编辑器
Boolean	布尔选择器
Select	选项
MultiKeyValue	keyvalue形式的多定义编辑器
MultiValue	value形式的多定义编辑器

图 4-76

名称	是否必填	说明
result	否	result用来定义回调结果，为一个对象，主要有以下4个参数可传入： 1. single // 单个返回结果（此选项下params无效） 2. noResult // 没有返回结果 3. noValue // 返回结果没有值的选项 4. locale // 非必填，与属性的locale写法一致不填为返回结果
emptyValue	否	是否默认添加一条回调条（事件面板上）true为不添加

status	否	status定义回调条的状态，为一个对象，主要有3个参数：
		1. rmComp // 是否去除"完成"选项，一般与default连用
		2. options// 为数组，其中每个对象为 {
		  "value": 'option1', // 状态的名称
		  "locale": {...} // 与属性的locale写法一致
		  }
		3. default // 默认状态值

params	否	定义回调结果的可选参数，是一个数组，其中的对象等于是方法的出参，此变量具体有以下3个参数。 1. name：参数的名称 2. locale：参数的翻译，与属性的locale写法一致 3. desc：参数的描述，可不填，添加后会出现问号，与locale写法一致

图 4-77

5. 定义组件事件

组件事件的定义包括如下两部分。

(1) 在 JSX 文件中定义事件。在 render 函数中，将需要用到的方法类属性进行一个绑定，如图 4-78 所示。

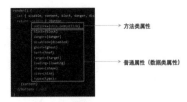

图 4-78

在 button 组件中，第一个 onClick 就是一个方法属性，将其绑定至当前自定义组件的一个方法为 onBtnClick()，如图 4-79 所示。

图 4-79

其中，前半部分 this.props.onClick 是一个判断，判断是否从外部传入了 click 这个事件，如果有传入才执行后面事件的触发方法。注意，on 后面的事件名称首字符需要大写，如在事件配置文档中定义的事件名称是 click，这里的方法就要填写为 onClick。

如果需要处理事件参数，将事件的参数抛出给用户去处理，则需要在方法定义时指定参数，如图 4-80 所示。

图 4-80

比如在以上下拉菜单组件的"选中选项"的方法定义中，传入参数 value。

(2) 配置事件文档。组件的事件配置文档，用来定义组件在事件面板中的触发事件，如图 4-81 所示。其内部也是一个 JSON 文件，如图 4-82 所示。

图 4-81

图 4-82

在图 4-82 这个事件配置文档中，定义了两个事件，一个是初始化，一个是点击。其中，点击还会进一步抛出事件的参数，可以在事件触发时在事件面板逻辑中引用。每个事件定义的字段说明，如图 4-83 所示。

参数	用途	必填	说明
name	名称	是	当前事件的名称
locale	名称的翻译	否	与属性的locale写法一致
params	参数		事件出参的定义，具体可参考params的说明
desc	对事件的描述	否	会出现事件块的问号icon，与locale写法一致

图 4-83

params 字段说明，如图 4-84 所示。

参数	是否必填	说明
name	是	参数的名称
locale	否	名称的翻译，与属性的locale写法一致
desc	对参数的描述	会出现出参的问号icon，与locale写法一致

图 4-84

事件定义中，配置文档里的名称与 JSX 文件中的方法定义的对应关系，如图 4-85 所示。

其中，红线画出部分为事件名称（注意，在 JSX 文件的方法定义中，需要将事件名称的首字母大写，并在前面添加 on，以指定这是一个事件处理）；紫色线画出部分为参数名称。定义了参数之后，用户就可以在事件触发时引用到参数了。

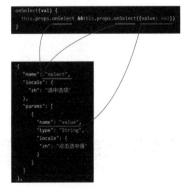

图 4-85

4.5.5 组件库调试与发布

1. 组件的调试

(1) 单击编译组件，等待编译完成。

(2) 编译完成后，切换到预览组件库，如图 4-86 所示。

图 4-86

(3) 在 "对象树" 面板下的 "自定义组件库" 中，可添加要测试的组件到案例中，如图 4-87 和图 4-88 所示。

(4) 添加组件后，可修改其属性或添加事件动作等。修改完毕后，可对组件库进行预览，查看实际效果，如图 4-89 所示。

图 4-87

图 4-88

图 4-89

2. 发布上传与使用

(1) 上传制作好的自定义组件库。

在 "组件库编辑" 界面，单击 "发布上传" 按钮，填入名称、简介、封面等信息，单击 "完成" 按钮，就完成了自定义组件库的上传，如图 4-90 所示。

(2) 在其他案例使用此库。

在其他案例中，单击左侧栏的 "扩展组件" 按钮，如图 4-91 所示。

单击 "下载自定义组件库" 按钮，如图 4-92 所示。

选择想下载的组件库，单击 "下载" 按钮，如图 4-93 所示。

图 4-90

图 4-91

图 4-92

图 4-93

再选择"扩展组件",就能看到新加入的自定义组件库,如图 4-94 所示。

选中对应下载后的库,选取里面的组件单击,选取的组件就会出现在"对象树"面板中,到此使用自定义组件成功,如图 4-95 所示。

图 4-94

图 4-95

4.6 数据库优化方法

4.6.1 数据库性能优化概述

对数据库的优化有助于提升整个项目的运行效率,应用中涉及数据库相关内容的操作都可以考虑进行优化以提升性能。按照数据库输出的流程,对数据库性能的优化包括对数据访问的优化、输出数据量的优化,以及减少前台和数据库交互次数等。

4.6.2 数据库性能优化方法

1. 为数据库建立索引

iVX 支持为数据库添加单字段索引,使用索引进行数据查找可以有效减少数据库的读取时间。数据库内的每个字段都可以设置为索引,但因为在写入数据时索引的排序也需要同时改变,每添加一个索引都会减慢数据库写入的速度,所以建议优化数据库性能时只为经常用作查询条件的字段添加索引,如图 4-96 所示。

2. 不要一次性输出太多

一次性输出太多内容会让输出的时耗增加,也会导致数据包的大小过大而对网络传输不友好,同时一次性输出过多数据到前台也会加重前台端口的内存负担。iVX 对数据获取设置了限制提升性能,在没有自定义设置下只会输出前 50 条数据,如图 4-97 所示。

如果需要获取大量的数据,可以采用分页输出的模式,每次发送请求去获取一个页面能容纳的数据量,翻页后再次发送请求让数据库输出相应页码的数据 (可参照分页数据列表展示)。

图 4-96

图 4-97

3. 减少与数据库的交互次数

有些应用中会出现这样的操作:在数据提交 / 更新后,为了同步更新到这一条新提交 / 更新的数据而再调用一个输出服务去输出整张表的数据到前台。这样操作会加重数据库的负担,也会使应用的速度变慢。这种情况下，可以考虑直接在前端数据变更的基础上增加/更新数据库中的这条数据。相较于为了某一条数据而去输出一次数据库，这个替代操作省去了一次数据访问、输出的流程，显然会更节省资源。

如图 4-98 所示，在使用服务更新数据库后不再额外调用服务输出整张表以更新前台的对象数组变量，而是在其基础上更新数据。这样数据库的输出更快，前端数据的同步也会更加及时。

例如，在投票活动中，会用到两个数据库，一个用来存放候选人的信息，另一个则是投票的流水。

图 4-98

如果每次都通过遍历流水数据库统计每个人的得票数，势必会导致数据库的内数据的访问次数过多，导致数据的输出变慢。通过分析可以知道，得票数实际上可以存储为候选人数据库额外添加的字段，通过这样对数据库结构进行优化（额外添加一个字段专门保存需要统计的数据），缩短了访问数据的时间，提升了数据库查询的性能。

第 5 章

初级实战项目

5.1 信息站点页面

5.1.1 交易网站站点首页开发

本节以一个二手交易网站站点页面为例，帮助大家了解使用 iVX 可视组件进行网站开发的一般流程。要完成的二手信息站点首页为信息展示页面，用户在发布物品信息时需要登录账号。用户注册时，使用 iVX 自带的手机短信验证码。

在此创建一个"相对定位"的 Web 应用作为示例进行说明。创建示例后，为了使读者创建的项目与示例一致，建议将舞台大小更改为如图 5-1 所示的小屏尺寸。

当前页面 (本节内容主要是演示功能效果，并未追求很高的美观性)，如图 5-2 所示。

图 5-1

图 5-2

该页面主要分为 4 个部分，包括顶部标题栏、网页上部区域、网页中部区域、网页底部。其中，顶部标题栏分为左侧站点信息、右侧搜索与发布内容区域；网页上部的内容包含品种分类与轮播页；网站中部区域为展示内容的图片与信息，网页底部为页尾信息展示。

1. 网站标题制作

根据基本的"行"和"列"组件制作网站标题，如图 5-3 所示。

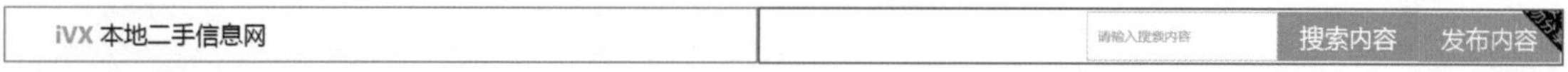

iVX 本地二手信息网	请输入搜索内容	搜索内容	发布内容

图 5-3

可以看到，该标题可以当作是两个"行"，左侧一个、右侧一个。在此可以将这两个内容放在一个"行"中，两个"行"的"宽度"各为 50%，左侧"行"的"水平对齐"为左对齐，右侧"行"的"水平对齐"为右对齐。通过这样的设置，即可完成示例中不同侧的元素显示。

先创建一个页面，命名为"信息展示页"，在"信息展示页"下创建一个"行"，命名为"标题栏"。用"标题栏"作为父对象，创建两个"行"于"标题栏"下，命名为"标题左侧"与"标题右侧"，如图 5-4 所示。

随后可以给这些"行"组件设置一个统一的"背景颜色"为白色，再设置统一"高度"为 100px。选中所有的"行"组件，设置相同属性，如图 5-5 和图 5-6 所示。

图 5-4

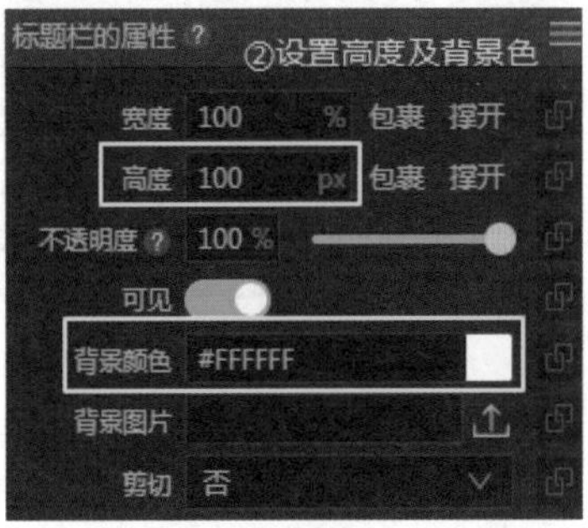

图 5-5

图 5-6

统一选中"标题右侧"和"标题左侧"，设置它们的"宽度"为 50%，如图 5-7 和图 5-8 所示。

图 5-7

图 5-8

设置"标题左侧"的"水平对齐"为"靠左"，"标题右侧"的"水平对齐"为"靠右"，两行的"垂直对齐"均为"居中"，如图 5-9 和图 5-10 所示。

在"标题左侧"行中添加两个"文本"组件，在文本属性中修改"文本颜色"，如图 5-11 所示。

如果用户对文本紧贴左侧边缘的效果不满意，可以将 iVX 文本属性中的"左外边距"设置为 10px，这样可让该文本距左侧产生一定距离，如图 5-12 所示。

图 5-9

图 5-10

iVX 本地二手信息网

图 5-11

图 5-12

在"标题右侧"行中添加 1
个"文本"组件及 2 个"按钮"组件，
并且给这 3 个组件设置相同的"高
度"(50px)，使这 3 个组件的"高度"
一致。然后对"按钮"组件的"文
本内容""背景颜色"进行修改，
如图 5-13 和图 5-14 所示。

此时，标题栏便制作完成了，
如图 5-15 所示。

图 5-13

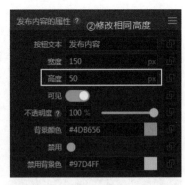

图 5-14

图 5-15

为了使页面看起来更有层次感，可以修改当前"信息展示页"的"背景颜色"为浅灰色(#F8F8F8)，如图 5-16
所示。设置后的页面效果，如图 5-17 所示。

图 5-16

图 5-17

2. 网站上部区域制作

接下来查看一下网站上部广告信息区域的布局，如图 5-18 所示。很明显可以看出，该区域与标题栏的
布局类似，由一个"行"组件"包裹"了两个容器组件，左侧的占比区域较小，右侧的较宽。在这里需要
注意，该部分距离页面两侧有一定距离。

在"信息展示"页下创建一个"行"，命名为"广告"，设行的"水平对齐"为"居中"；在其内部创
建一个"行"组件，命名为"广告块"，设置"宽度"为 90%，这样这个"行"就可以"居中"显示；在这
个"广告块"行中创建两个"行"组件，一个命名为"广告左侧"，一个命名为"广告右侧"，设置"广告
左侧"行的"宽度"为 30%，"广告右侧"行的"宽度"为 70%；再在"广告左侧"行内创建一个"列"组
件，命名为"分类内容"即可。该部分结构设置，如图 5-19 所示。

图 5-18

图 5-19

为了防止"高度"不一致的情况出现，需要将这些元素的"高度"统一设置为 300px，如图 5-20 和图 5-21 所示。

图 5-20

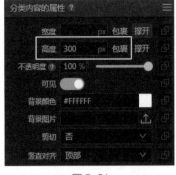

图 5-21

在左侧"分类内容"列中创建一个"按钮"组件，设置文本为"手机：华为、小米、OPPO"，将"宽度"设置为 100%，"高度"设置为 50px，如图 5-22 所示。

随后将该按钮复制 6 个并修改其对应的文本，使按钮充满整个"广告左侧"行的高度，如图 5-23 所示。

在"广告右侧"中添加一个"轮播页容器"组件，如图 5-24 所示。

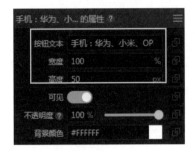

图 5-22

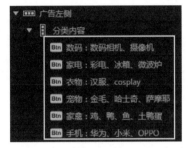

图 5-23

图 5-24

设置"轮播页容器"的"高度"为 300px，设置好图片后，完成"轮播页"背景的添加，页面效果，如图 5-25 所示。

为"轮播页"创建文本。将"轮播页"组件作为一个容器，在其中添加"列"组件，命名为"轮播文本"，在"轮播文本"列中添加"文本"组件，完成文本的创建，如图 5-26 所示。

图 5-25

图 5-26

此时，该"轮播页容器"组件的"对象树"面板，如图 5-27 所示。执行上述操作后，完成了广告信息区域的布局。

3. 网页中部区域制作

通过之前的学习，相信大家已经对"行""列"组件布局有了一定的认识。接下来，我们开始制作网页中部区域的"最新信息"模块，布局方式，如图 5-28 所示。

在该部分内容中，红色区域为"行"、蓝色区域为"行"、紫色区域为"行"、绿色区域为"列"。大家可以根据布局信息完成该模块的搭建，此处不再赘述。布局后的"对象树"面板，如图 5-29 所示。

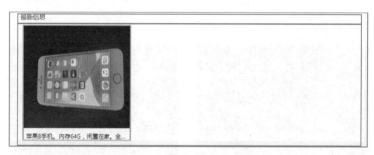

图 5-28

图 5-27

图 5-29

在"详情"行中创建一个"列"组件，命名为"商品信息"，设置"宽度"为 32%、"左外边距"为 8、"上外边距"为 8。在"商品信息"列为文字信息和图片各设置一个"行"组件方便控制布局，如图 5-30 所示。

在"商品文字信息"行中添加一个"文本"组件；在"图片"行中添加一个"图片"组件，设置"宽度"为 100%，如图 5-31 所示。

此时，复制多个商品信息在"详情"行下，即可完成该部分内容的制作，如图 5-32 所示。

图 5-30

图 5-31

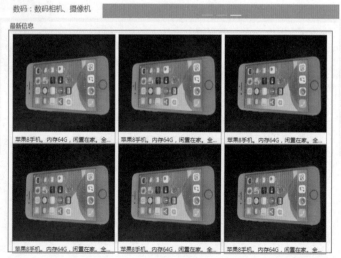

图 5-32

图 5-33

4. 页尾制作

页尾的制作方法十分简单，参考"对象树"面板完成这部分的制作，如图 5-33 所示。

5.1.2 登录／注册页面制作

创建一个"页"组件，命名为"登录"，随后创建一个"行"组件，命名为"登录块"。在"登录块"行中创建一个名为"登录内容"的"行"组件，在行中创建 4 个"行"组件，分别命名为"登录按钮""密码""账户""标题"，设置它们的"水平对齐"为"居中"。"对象树"面板，如图 5-34 所示。

"注册"页同理，使用"行"容器进行行布局。"对象树"面板，如图 5-35 所示。

图 5-34

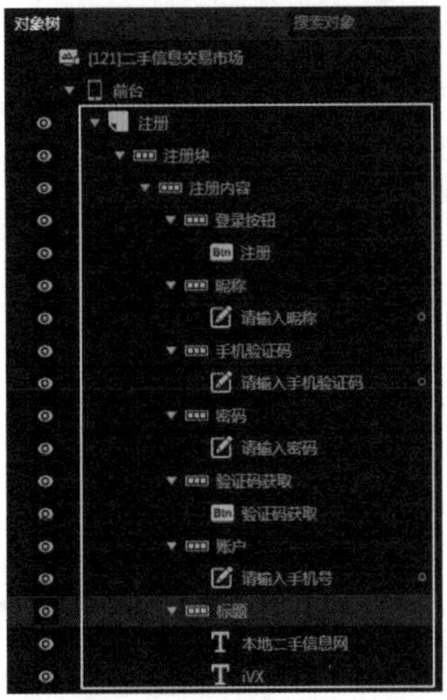

图 5-35

5.1.3 商品发布页制作

商品发布页效果，如图 5-36 所示。

"商品发布页"的"对象树"面板，如图 5-37 所示。

图 5-36

图 5-37

159

其中,"下拉菜单"组件位于"扩展组件"中,单击"扩展组件",进行"下拉菜单"组件的添加,如图 5-38 所示。

"下拉菜单"组件可作为类型的选择菜单,添加完"下拉菜单"组件后,在下拉菜单属性面板中修改"选项列表"即可,不同选项之间使用逗号间隔,如图 5-39 所示。

图 5-38

图 5-39

5.1.4 商品详情页制作

商品详情页建议与其他页面保持一致的风格,效果如图 5-40 所示。图中框选位置为"富文本"组件,从左侧组件栏中单击对应组件添加至页面即可。

"富文本"组件用于放入商品详情中的图片和文字内容,"对象树"面板,如图 5-41 所示。

"富文本编辑器"组件位于组件栏右侧中部,单击即可添加到"富文本"行中,如图 5-42 所示。

图 5-40

图 5-41

图 5-42

5.2 飞机大战小游戏

5.2.1 游戏角色的制作

在 iVX 中，制作微信小游戏的大致流程与微信小程序、Web 类似，不同之处在于是组件的使用。创建一个"飞机大战"微信 2D 小游戏，如图 5-43 所示。

创建好游戏场景后，在游戏界面中可以添加图片，作为游戏中的元素。单击"图片"组件，在画布中拖曳绘制一个区域，在弹出的对话框中，选择飞机的素材图片，如图 5-44 和图 5-45 所示。

图 5-43   图 5-44

图 5-45

选中图片素材后，此时画布中就会出现主角飞机的图片，如图 5-46 所示。

单击图片，拖曳调整到合适的大小，如图 5-47 所示。

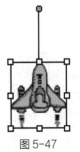

图 5-46   图 5-47

5.2.2 物理世界的添加

为了方便后续检测飞机与敌机之间物理碰撞的效果，需要在画布中添加一个物理世界，并将主角飞机作为物理世界的子对象，如图 5-48 所示。

图 5-48

为了使主角飞机能够受到物理世界的影响，需要为飞机添加一个物体。在"对象树"面板中，选中飞机的"图片"组件，在左侧组件栏中单击"物体"组件进行添加，如图 5-49 所示。

此时，可以通过 Web 浏览器进行调试，单击预览，如图 5-50 所示。

为了更方便观察，在出现的浏览器窗口中按 F12 键，选择该窗口为手机浏览器窗口，如图 5-51 所示。

图 5-49

图 5-50

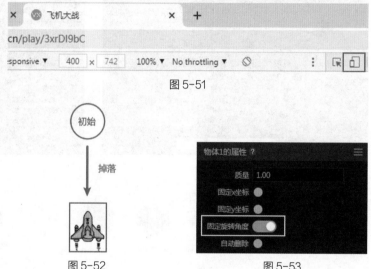

图 5-51

刷新界面后将会看到主角飞机从上往下掉落，如图 5-52 所示。

由于在物理世界中发生碰撞，物体之间将会出现旋转等情况。游戏中，需要主角飞机的头部一直朝着上方，因此需要固定飞机的旋转角度。单击主角飞机下的"物体"组件，在属性面板中将物体的"固定旋转角度"开启，如图 5-53 所示。

图 5-52

图 5-53

5.2.3 子弹的设计

1. 完成子弹对象反重力运动

接下来开始设置子弹的样式，先在画布中添加一颗子弹的"图片"组件，并且在这个子弹"图片"组件下添加"物体"组件，如图 5-54 和图 5-55 所示。

预览发现子弹会自动掉落，解决这个问题只需在子弹组件下添加一个"运动"组件，如图 5-56 和图 5-57 所示。

图 5-54

图 5-55

图 5-56

图 5-57

选中"运动"组件，设置"移动方向"为 90°（垂直向上运动），随后给这个方向设置"移动速度"为 –600px/S（反方向运动），最后开启"自动播放"，如图 5-58 所示。

再次预览，会发现子弹已经开始向反方向运动。注意此时要将子弹的"固定旋转属性"开启，否则子弹将会在之后的碰撞中产生乱飞的效果。

2. 使用对象组制作子弹发射效果

由于在游戏中，要制作出子弹间隔一定时间自动发射的效果，所以要使用"对象组"组件对子弹进行统一管理。此时，添加一个"对象组"组件到物理世界中，选择管理的范围为整个画布（此处需要顶部和底部留一点空隙，用于之后的碰撞处理），如图 5-59 和图 5-60 所示。

图 5-58

图 5-59

图 5-60

添加完毕后，会发现原本画布中的飞机和子弹都不见了，这是因为对象组覆盖了飞机主角图片与子弹图片。此时，将"对象组"组件放置在"对象树"面板的最底部即可（在"对象树"面板中，越靠近顶部显示的优先级越高），如图 5-61 所示。

接着把子弹的"图片"组件移动到"对象组 1"组件下，如图 5-62 所示。

由于子弹是间隔发射，所以需要在"前台"中创建一个"触发器"组件，定时发射子弹，如图 5-63 所示。

图 5-61

图 5-62

图 5-63

设置"触发器"组件的"时间间隔"为0.3s，并且开启"自动播放"，如图 5-64 所示。

图 5-64

为"触发器"组件设置事件，条件为"触发器"组件触发时，使用"对象组"组件的创建对象动作，设置模板对象为子弹对象，如图 5-65 所示。

接着给子弹设置一个初始的位置，这个位置可以设置成主角飞机的位置，之后再通过微调使子弹出现在飞机机头的位置即可，如图 5-66 所示。

运行程序，会发现此时子弹已经可以自动发射了，如图 5-67 所示。

图 5-65

图 5-66

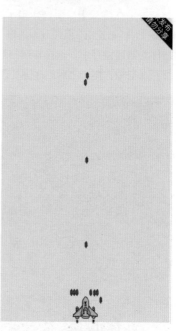

图 5-67

3. 添加事件完善子弹部分

完成上述设置后，子弹虽可以发射，却无法在画布中自动消失。要解决这个问题，可以在顶部加一个"矩形"组件并命名为"顶部"，再为该组件添加"物体"组件后，设置位置为固定x、y坐标与固定旋转角度，如图 5-68 所示。

为子弹添加一个事件，该事件触发条件为"开始碰撞"，选择碰撞对象为"顶部"，动作为移除当前对象，如图 5-69 所示。

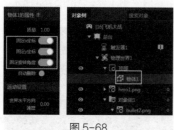

图 5-68

图 5-69

再次预览项目，会发现子弹已经可以自动消失，但是顶部的物体存在边框和颜色。单击"顶部"组件，更改"背景颜色"的透明度为0，再更改该组件的"边框宽度"为0，该组件就可以从视觉上消失在这个页面之中，如图 5-70 所示。

接着开始为主角飞机添加移动事件。单击"前台"添加事件，确定坐标的位置。完成后的效果是当玩家的手指按下，主角飞机组件将会在指定范围内移动到该位置，如图 5-71 所示。

图 5-70

图 5-71

5.2.4 敌机的设置

下面开始添加敌机。在"对象组"组件中添加一个"图片"组件，为其添加"物体"组件，如图 5-72 所示。

单击"物体"组件，设置"阻尼"为 0.95，并开启"固定旋转角度"，此时该飞机从顶部掉落的速度将会减慢，如图 5-73 所示。

图 5-72

图 5-73

给敌机组件添加一个碰撞事件，使其在碰到子弹时会自动消失，如图 5-74 所示。

图 5-74

给子弹组件也添加一个事件，即当碰到敌机时子弹自动消失，如图 5-75 所示。

图 5-75

批量创建敌机，创建一个"数值变量"组件，命名为"随机 x"，用于操作敌机的随机横轴位置，如图 5-76 所示。

图 5-76

在"触发器"组件中，给"随机 x"变量设置随机值，如图 5-77 所示。

在"触发器"组件中，使用"对象组"组件创建飞机对象，X 值为"随机 x"变量值，Y 值给予一个固定值，距离顶部一定距离即可，如图 5-78 所示。

如果敌机未被击中将会落到屏幕底部，此时在底部添加一个透明的"矩形"组件，命名为"底部"，当敌机触发该条件后会自动消失，如图 5-79 所示。

完成此步骤，可预览效果，如图 5-80 所示。

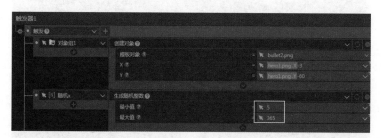

图 5-77

图 5-78

图 5-79

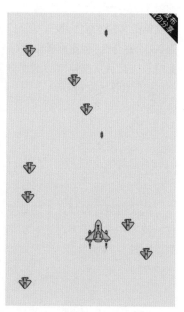

图 5-80

5.2.5 优化游戏效果

创建一个变量，命名为"击落"，用于记录击落敌机的数量，如图 5-81 所示。

为"击落"变量添加事件，即在子弹触碰到敌机时该数值加 1，如图 5-82 所示。

图 5-81

图 5-82

在"前台"创建一个"文本"组件，命名为"击落"，用于显示该变量值，设置"初始文本"为 0，如图 5-83 所示。

在子弹触碰敌机时添加一个动作，显示该变量的内容，如图 5-84 所示。

图 5-83

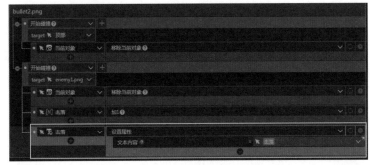

图 5-84

设置完成后，预览画面中将会出现计分效果，如图 5-85 所示。

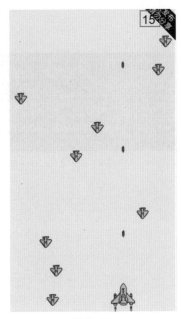

图 5-85

在主角飞机中添加触碰到敌机时的动作，如图 5-86 所示。

以上事件，当主角飞机触碰敌机时，使用的物理世界及触发器执行暂停动作，游戏也会停止。

考虑用户体验，游戏停止后画面中会再显示一个"游戏结束"的文本。在"前台"中添加一个"文本"组件，命名为"游戏结束"，默认为不可见，如图 5-87 所示。

图 5-86

图 5-87

在敌机触碰到主角飞机时，添加"游戏结束"文本显示操作即可，如图 5-88 所示。

游戏结束效果，如图 5-89 所示。

图 5-88

图 5-89

5.3 音乐分享小程序

通过前几节的学习，相信大家对开发 iVX 应用已经有了一些自己的心得。

本节内容为制作一个音乐分享小程序。该应用包含首页、榜单页、音乐分享页和音乐搜索页四个主要页面，如图 5-90～图 5-93 所示。

图 5-90　　　　　　　图 5-91　　　　　　　图 5-92　　　　　　　图 5-93

5.3.1 首页制作

首页中包含顶部标题栏、搜索栏、海报栏，以及榜单块，如图 5-94 所示。

1. 标题栏设置

在标题栏中，为了简化结构仅设置了顶部用户信息和音乐搜索框。新建一个"行"组件，命名为"登录状态 / 搜索"，在其下创建两个"行"组件，命名为"个人信息"与"音乐搜索"，如图 5-95 所示。

将"个人信息""音乐搜索"的"垂直对齐"设置为"居中"，使其元素可以"居中"显示。

在"个人信息"行中创建 3 个"行"组件，用于显示左侧、中部、右侧信息，依次设置这些"行"的"宽度"为 10%、50%、40%，如图 5-96 所示。

随后在"左侧"行中添加一个"图片"组件，设置"宽度"为 100%，占据整个"左侧"行内容；为"中部"行添加一个"文本"组件，设置其"左内边距"为 10；设置"右侧"行的"右内边距"为 10，"水平对齐"为"靠右"，并在其中添加一个"按钮"组件，如图 5-97 所示。

图 5-94

图 5-95

图 5-96

图 5-97

设置完成，当前页面显示的效果，如图 5-98 所示。

图 5-98

2. 搜索栏设置

设置"音乐搜索"行的"水平对齐"为"居中"，在其内部添加一个"搜索"组件，设置其"宽度"为 90%，如图 5-99 所示。

设置后标题栏的效果，如图 5-100 所示。

图 5-99

图 5-100

3. 海报栏的设置

接下来，制作海报栏的广告图区，广告图需要插入一个"行"组件，设置其上、下、左、右内边距为 10，随后往内部添加一个"图片"组件，设置"图片"组件的大小为 100%，如图 5-101 所示。

当前页面显示效果，如图 5-102 所示。

图 5-101

图 5-102

4.榜单块设置

制作榜单内容,需要再次添加一个"行"组件,命名为"榜单内容",在"榜单内容"行下添加两个"列",命名为"左侧"和"右侧",如图 5-103 所示。

设置"榜单内容"行的左、右内边距为 10,随后设置"左侧"与"右侧"列的"宽度"分别为 38%、64%。接着往"左侧"列中添加一个"图片"组件,设置"宽度"为 100;"右侧"列中添加一个"行"组件,命名为"歌名",如图 5-104 所示。

图 5-103

图 5-104

此时的页面显示效果,如图 5-105 所示。

接下来在"歌名"行中添加 4 个组件,包含 3 个"文本"组件,1 个"按钮"组件,如图 5-106 所示。

设置"右侧"列的"竖直对齐"方式为 space-between(等间距),如图 5-107 所示。

图 5-105

图 5-106

图 5-107

复制 3 个"歌名"行组件,如图 5-108 所示。

此时,页面的效果,如图 5-109 所示。

图 5-108

图 5-109

复制 3 个"榜单内容"行，更改图片内容即可，如图 5-110 所示。

5.3.2 榜单页制作

榜单页的制作比较简单，可以查看一下页面所框选的内容分为几个块，如图 5-111 所示。

更改页面的"背景颜色"，使其颜色与某个榜单颜色相近，如橙色。随后在"榜单内容"下创建一个"标题"行，在"标题"行下创建一个"信息"列，在"信息"列下创建一个"小标题"行，如图 5-112 所示。

在"小标题"行中添加两个"文本"组件，一个内容为 iVX，另一个内容为"榜单"，如图 5-113 所示。

此时的页面呈现效果，如图 5-114 所示。

继续在"信息"列中创建一个"文本"组件和一个"返回首页"按钮，如图 5-115 所示。

此时的页面效果，如图 5-116 所示。

接下来创建该页面的内容区，创建一个"行"组件，命名为"歌曲内容"，在组件中创建一个"歌曲内容"行，在行下添加一个"歌曲内容"行与一个"标题"行，如图 5-117 所示。

更改最外侧的"歌曲内容"行的"边框圆角"值为 38，且底部不显示，如图 5-118 所示。

图 5-110

图 5-111

图 5-112

图 5-113

图 5-114

图 5-115

图 5-116

图 5-117

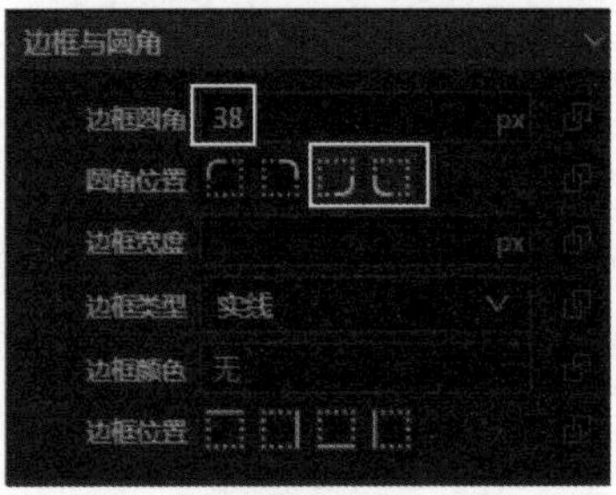

图 5-118

此时页面的显示效果，如图 5-119 所示。

在标题栏中添加一个"文本"组件，设置内容为"歌曲"。接着，在"歌曲内容"行下添加 3 个"列"组件，命名为"序号""歌曲信息""播放"。在"歌曲信息"列下创建两个"行"组件，一个命名为"作者"，另一个命名为"歌名"，如图 5-120 所示。

接下来，往这些相应的"行""列"组件中添加所需的元素，如图 5-121 所示。

图 5-121

图 5-119

图 5-120

设置这些对应内容的"宽度"和"内外边距"，页面呈现效果，如图 5-122 所示。

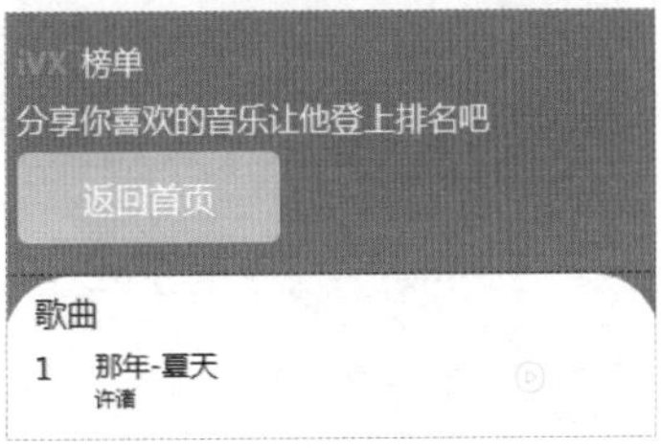

图 5-122

5.3.3 分享页与搜索页制作

1. 分享页制作

音乐分享页的制作方法与榜单页类似，页面效果，如图 5-123 所示。

复制榜单页，更改标题并删除多余内容，页面效果，如图 5-124 所示。

随后添加几个输入框和一个按钮即可，具体操作不再赘述，完成后的页面效果，如图 5-125 所示。

图 5-123

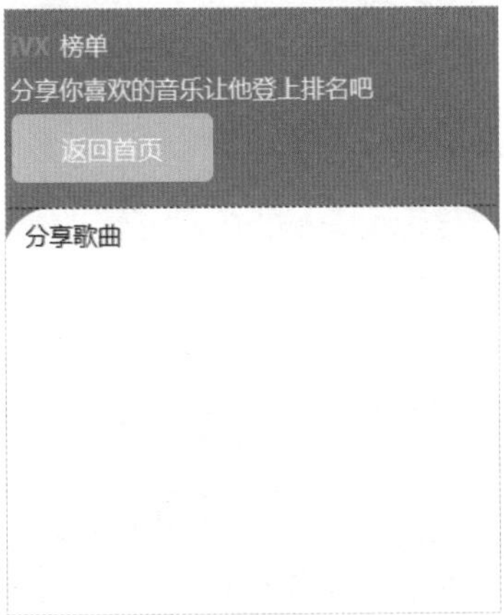

图 5-124

图 5-125

2. 搜索页制作

开始制作搜索页，搜索页的内容与首页类似，复制首页页面并重命名为"音乐搜索页"，删除原页面中的榜单内容，将榜单页中每条歌曲的样式复制到当前页面中，如图5-126所示。

音乐分享页与搜索页都是由其他页面改动而成的，具体的制作方法在此不再赘述。

图 5-126

5.3.4 功能实现

完成了小程序的页面制作，下面具体讲解如何实现小程序的功能。

1. 登录功能实现

在首页的标题栏中需要显示登录用户的头像与昵称，此时发起小程序登录，需要在"后台"中添加"私有用户"组件，使用"私有用户"组件完成用户的登录操作。

添加一个"私有用户"组件到"后台"，重命名为"用户"。然后给"登录"按钮添加事件，并在"前台"创建两个变量用于接收用户的头像和昵称，如图5-127所示。

登录后由于标题栏中的图片需要显示用户头像、文本需要显示用户昵称，在此为其绑定数据为"用户头像"和"用户昵称"变量内容，如图5-128和图5-129所示。

图 5-127

图 5-128

图 5-129

此时用户登录按钮应该换成分享页面的按钮，单击可以跳到分享音乐页面中。完成这个需求，要在页面中添加if组件，如图5-130所示。

设置用户昵称默认值为"未登录"，当"用户昵称"为"未登录"时显示"立即登录"按钮，当"用户昵称"不等于"未登录"时，显示分享页面跳转按钮，如图5-131和图5-132所示。

图 5-130

图 5-131

图 5-132

在分享音乐中添加点击事件，将其设置成点击后需要跳转到分享页面，如图5-133所示。

图 5-133

2. 分享功能实现

为了方便数据显示，需要为当前小程序应用添加数据的提交服务。制作后台服务前，需要先创建一个"私有数据库"组件存放"歌曲内容"，命名为"音乐数据库"。"音乐数据库"的字段设置为"歌手""歌名""播放数""音乐链接"，如图 5-134 所示。

在"后台"添加一个"服务"，命名为"音乐上传"，如图 5-135 所示。

图 5-134

图 5-135

这个服务接收 3 个参数，分别为"歌手""歌名""音乐链接"，如图 5-136 所示。

图 5-136

将其接收参数传入的数据提交到音乐数据库，并且设置播放数的默认值为 0。随后在完成的回调中设置自定义返回结果，将提交是否成功的结果返回，如图 5-137 所示。

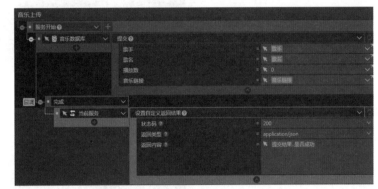

图 5-137

接下来在分享页面的按钮中添加点击事件，设置后点击该按钮将会使用音乐上传服务。传入所输入的歌手、歌名和音乐链接名，添加失败回调与成功回调，再为其添加对应的响应，如图 5-138 所示。

图 5-138

3. 首页数据显示功能实现

首页的 3 个榜单分别为热歌、新歌及原创。其中，热歌以播放数进行排列，新歌以时间顺序进行排列，原创则随机进行推荐。

在此创建热歌服务，命名为
"热歌榜单"。在服务中使用数
据库进行数据输出，设置输出的
行数为 1 到接收参数中的获取数；
作为输出行数的范围，选择按播
放数降序；在完成的回调中设置
自定义范围结果为"输出结果.对
象数值.值"，如图 5-139 所示。

图 5-139

同理，新歌榜单的输出服务
的排序方式只需要改为按创建时
间降序，服务逻辑如图 5-140 所示。

图 5-140

原创推荐榜单用随机输出获
取动作实现，服务逻辑如图 5-141
所示。

接下来在首页中创建 3 个
对象变量，分别命名为"热歌榜
单""新歌榜单""原创榜单"，
用于接收榜单数据。

图 5-141

设置对象结构，列名分别
为"歌名""播放数""数据
ID"，如图 5-142 所示。

图 5-142

接下来设置首页的初始化事件。在"初始化"时使用这些榜单服务，传入"获取数"为3，获取到所需的内容使用对象变量进行接收，如图5-143所示。

图 5-143

删除榜单中多余的"歌名"行，使用"循环创建"组件进行创建，如图5-144所示。

设置不同榜单的数据为"循环创建"的数据来源，如图5-145所示。

将"文本内容"绑定为对应的内容，如图5-146所示。

图 5-144

图 5-145

图 5-146

4. 首页播放功能实现

接下来，实现点击播放按钮后，播放指定歌曲的功能。

创建一个服务，命名为"获取音乐链接"，功能是通过ID查找音乐地址。服务设置，如图5-147所示。此服务只返回"音乐链接"列内容。

图 5-147

在首页中添加一个"音频"组件，随后给播放按钮设置事件，如图 5-148 所示。

图 5-148

单击按钮，将会启动获取音乐链接服务并传入当前数据 ID 作为参数。获取音乐地址后，设置音频的素材资源地址为"返回结果 . 值"，最后将音频进行播放即可。

5. 榜单页功能实现

热歌、新歌和原创榜单页，是通过点击不同的榜单图片进入的，如图 5-149 所示。

为了方便用户区分，需要给这些图片设置不同的标志。点击图片后在"前台"中创建一个数值变量，命名为"选择类型"，设置"选择类型"在点击热歌榜时为 1、点击新歌榜时为 2、点击原创榜时为 3，并且跳转到榜单页，如图 5-150 所示。

图 5-149

图 5-150

接下来给榜单页创建一个初始化事件，通过变量"选择类型"的值来判断榜单需要展示的内容。同时，通过该变量值为页面设置不同的背景颜色作为区分。将获取的内容使用一个名为"获取内容"的对象数组进行接收，如图 5-151 所示。

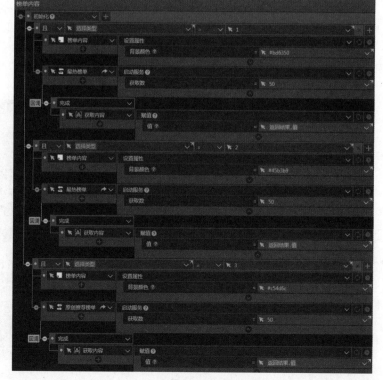

图 5-151

获取内容对象数组的列名，如图 5-152 所示。

图 5-152

将"歌曲内容"存放到一个"循环创建"组件中，实现榜单列表的展示，如图 5-153 所示。

"循环创建"的数据来源为"获取内容"对象数组，如图 5-154 所示。

将播放按钮根据上文"首页播放功能实现"的逻辑进行设定，完成点击播放应用的效果。

图 5-153

图 5-154

6. 搜索页功能实现

搜索页的功能实现较为简单，先给首页的"音乐搜索"输入框设置一个点击事件，如图 5-155 所示。

图 5-155

点击后将会跳转到搜索页，如图 5-156 所示。

图 5-156

随后创建一个搜索服务，命名为"音乐搜索"，搜索歌名包含音乐名即可。此服务接收的参数为"音乐名"，输出时设置条件，服务设置如图 5-157 所示。

图 5-157

当点击"音乐搜索"按钮后，启动搜索服务，使用一个名为"搜索内容"的对象数组进行接收服务"返回结果.值"，如图 5-158 所示。

搜索内容的对象数组的列名，如图 5-159 所示。

图 5-158

图 5-159

在"前台"的搜索页下，使用"循环创建"组件创建出音乐列表，并根据"首页播放功能实现"的逻辑进行设定，为播放按钮添加播放事件，实现搜索页的音乐播放功能，如图 5-160 所示。

图 5-160

第 6 章

中级实战项目

6.1 九宫格拼图小游戏（上）

6.1.1 学习目标

　　本章将完成一个由 9 张小图片拼成一张完整图片的拼图小游戏的制作。游戏的具体流程，是将 9 张小图片打乱位置顺序，放在一个区域，拖曳小图片到九宫格固定位置即可完成拼图，完成后弹出"成功"字样。

　　制作这个小游戏需事先准备一张宽高均为 300 像素的图片，使用图片处理软件 (Photoshop 等) 将这张图裁切为宽高为 100 像素的 9 张小图，如图 6-1 所示。

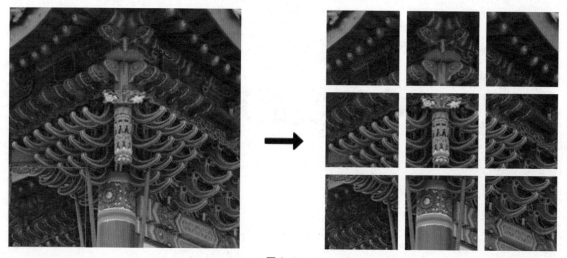

图 6-1

　　准备好素材后，使用素材和组件完成 UI 布局并添加交互逻辑，即可完成整个游戏的制作。

6.1.2 UI 布局

　　创建一个"绝对定位"的 Web 应用，并在"前台"添加一个"画布"组件，"画布"的 X 坐标、Y 坐标设置为 0，"宽度"设置为 375px，"高度"设置为 600px，将这个区域作为游戏区，如图 6-2 所示。

　　在"画布"下添加 9 个宽高均为 100 像素的"矩形"组件，通过设置每个矩形的坐标摆放出一个九宫格的图形，按从左到右、从上到下的顺序分别取名"矩形 1~9"。整体放在画布可见区域中偏上的位置，作为最终拼图完成的显示区域，如图 6-3 所示。

　　在"画布"下添加之前准备好的 9 张图片，并按之前的顺序取名"图 1~9"，每张图片的宽、高均设置为 50px，打乱顺序任意摆放在拼图区的下方位置，如图 6-4 所示。

　　至此，UI 布局准备完毕，接下来添加事件完成交互逻辑。

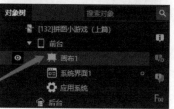

图 6-2

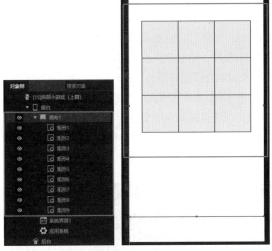

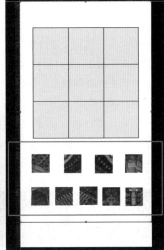

图 6-3　　　　　　　　　　　　　　　图 6-4

6.1.3 交互逻辑

　　游戏的交互逻辑，是拖曳单张图片，松手的时候，如果位置正确，图片固定在对应位置，如果不正确，图片回到原来的位置，当所有图片都已拖曳至正确位置时，页面会弹出"成功"字样，表示拼图完成。

　　接下来，让我们一步一步地实现交互逻辑的制作。

1. 拖曳图片

　　现在预览，会发现图片是无法被拖曳的，可以将图片属性面板中的"允许拖曳"属性设置为"任意方向"，再预览时图片已经可以任意拖曳了。此时，当我们将图片拖曳到画布的边缘时，图片可能被拖出画布外导致部分不可见，打开图片属性面板中的"拖动边界"开关即可解决该问题，意为图片拖曳不能超出它的父对象，这里的父对象就是"画布"，如图 6-5所示。

2. 松开时

　　拖曳图片的过程，实际就是用鼠标 / 手指在图片上按下—在图片上移动—松开鼠标 / 手指的过程。所以，需要给图片添加一个"手指离开"的事件，该事件会在鼠标或手指在图片上松开的瞬间触发，通过这个事件得知松手的时刻，如图 6-6 所示。

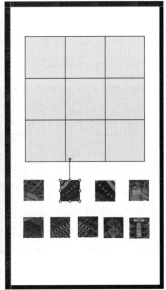

图 6-5

图 6-6

3. 位置是否正确

当知道了松手的时刻以后，现在需要判断这个时刻的位置是否正确。根据以往的游戏经验，只要图片与九宫格里那个正确的矩形格子有交集，即认为位置正确，否则不正确。那么，如何得知是否有交集呢?

以"图 1"和"矩形 1"为例，此时需要用到"图 1"的另外两个事件"开始重叠"和"结束重叠"。重叠即为交集，这两个事件都需要选择另一个目标对象作为"触发事件"，这里都选择"矩形 1"，开始重叠事件将在"图 1"与目标对象即"矩形 1"开始产生交集的瞬间触发，结束重叠事件将在"图 1"与"矩形 1"的交集消失的瞬间触发。现在需要记录下交集状态，以便任意时间点都能知道是否有交集。

在"画布"下添加一个"布尔变量"组件，取名为"重叠 1"，布尔变量是一个特殊变量，它只会存在两个值 true(真)和 false(假)。这里使用"布尔变量"组件来记录任意时间点的交集情况，true 表示有交集，false 表示无交集，即当开始重叠事件触发的时候，将"重叠 1"设为 true，结束重叠事件触发的时候，将"重叠 1"设为 false，如图 6-7 所示。

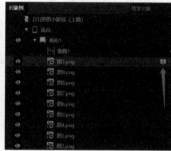

图 6-7

现在通过变量"重叠 1"的值，已经可以知道任意时间点上"图 1"和"矩形 1"是否有交集了。接下来只需要在松手的时候(即在图片上手指离开事件里)通过对"重叠 1"的值的判断来得知当前是否有交集。如果值为 true，即有交集，那么就对"图 1"设置属性，将"图 1"的坐标和宽高设置为和"矩形 1"一样，如果值为 false，即无交集，那么就将"图 1"的坐标和宽高设置为最初始的值，如图 6-8 所示。

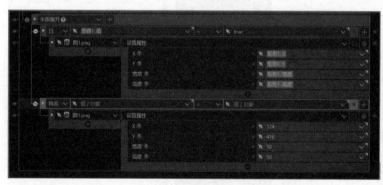

图 6-8

预览可见，已经实现了想要的效果，接下来依照上面的步骤对 9 张图片都进行同样的事件和变量设置。

4. 拼图完成

通过上面的事件设置，已经可以顺利地完成拼图游戏，现在需要在完成的时候给出一个"拼图成功"的提示语。

判断游戏完成的标准，是最后一张图片的"手指离开"事件触发，但实际上系统并不知道哪张图片是最后一张图片，因为玩家可能是任意顺序选择的图片，任意一张图片都可能是最后一张图片。此外，还需要判断当前是否已经成功，而成功的状态是 9 张图片和对应矩形都已经有了交集，即 9 个重叠变量的值都为 true 即为成功。所以，需要在每张图片的"手指离开"事件中添加一个判断，判断 9 个重叠变量的值是否都是 true，如果都是就会出现"拼图成功"提示语。

> 提示："手指离开"事件并非必须加在图片上，变量并非一定要用 9 个。

这里使用"系统界面"组件的提示语功能来显示提示语，先在"前台"下添加一个"系统界面"组件，在图片的"手指离开"事件触发并且 9 个重叠变量的值都是 true 时，使用该组件的显示提示语功能，如图 6-9 所示。至此，拼图小游戏的效果已经全部实现。

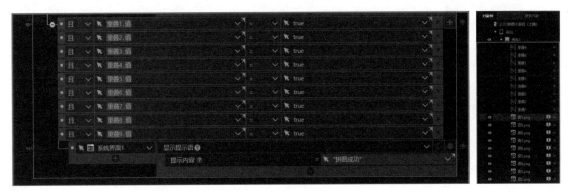

图 6-9

6.1.4 课后思考

游戏制作完成后，可以发现"对象树"面板中对象较多，事件也较多，并且有大量的相似事件和逻辑，思考一下有没有更简便的制作方式呢?

6.2 九宫格拼图小游戏（中）

6.2.1 学习目标

本节介绍与上一节相同的拼图小游戏的制作方法，即实现打乱小图片顺序，拖曳小图片到正确位置完成拼图的交互方式。但本节的游戏将不再事先准备图片，而是由用户自己上传一张完整图片作为要拼的图，并且将制作 2 个关卡，第一关是完成 3×3 的拼图，第二关是完成 4×4 的拼图，最后显示用户闯关完成的总时长，如图 6-10 所示。

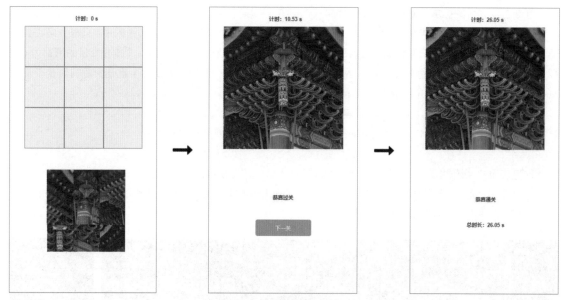

图 6-10

小游戏的制作步骤仍然是从 UI 布局开始，然后添加交互逻辑来完成整个游戏的制作。

6.2.2 UI 布局

创建一个"绝对定位"的 Web 应用，并在"前台"添加两个"页面"组件，在"页面 1"添加一个"图片"组件和一个"按钮"组件，放在页面中间位置。图片的宽、高均设置为 300px，资源地址设置为空，作为占位图，"按钮文字"改为"上传图片"，再添加一个"文件接口"组件备用，如图 6-11 所示。

在"页面 2"添加一个"画布"组件，"画布"的 X 坐标、Y 坐标都设置为 0，"宽度"设置为 375px，"高度"设置为 600px，将这个区域作为游戏区，如图 6-12 所示。

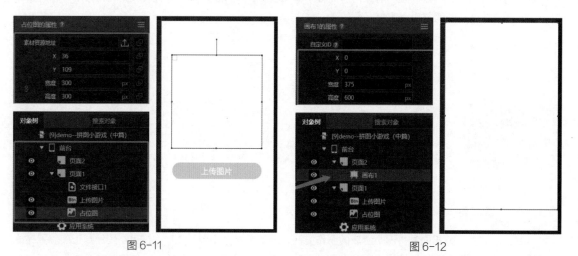

图 6-11   图 6-12

在"画布"下添加两个"对象组"组件，一个宽、高都设置为 300px，命名为"拼图区"，另一个宽、高都设置为 200px，命名为"碎片区"，拖放到画布中合适的位置。再添加 3 个"文本组件"，内容分别设置为"计时："、0.00、s，拖放到画布合适的位置，如图 6-13 所示。

在"画布"下再添加一个"对象组"组件，宽高和位置均和刚刚建立的"碎片区"对象组设为一样，命名为"过关提示",并在该对象组下添加一个"文本"组件和一个"按钮"组件,"文本"组件内容设置为"恭喜过关","按钮文本"设置为"下一关",摆放在该对象组中间位置,如图 6-14 所示。

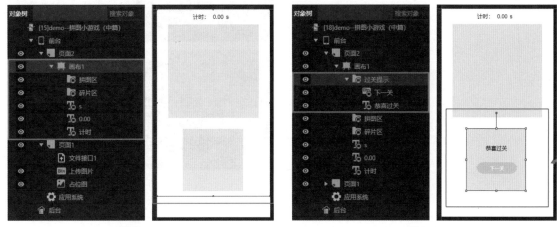

图 6-13   图 6-14

以同样的方式,再制作一个通关提示,如图 6-15 所示。

至此,UI 布局的部分已经基本完成,在开始逻辑部分的制作之前,先将"画布"下的所有"对象组"组件隐藏,并将它们的"背景颜色"清空,如图 6-16 所示。

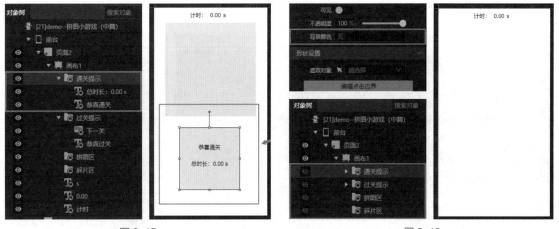

图 6-15   图 6-16

6.2.3 交互逻辑

游戏的交互逻辑是,用户上传图片,图片将被切成 3×3 的碎片并随机打乱顺序显示在"碎片区",用户需要拖曳碎片在"拼图区"重新拼好图片,然后点击按钮进入下一关,图片将被重新切成 4×4 的碎片并随机打乱顺序显示在"碎片区",用户需要再次拖曳碎片在"拼图区"重新拼好图片,完成 4×4 的拼图,游戏结束。接下来一步一步完成这个逻辑吧。

1. 上传图片

从"页面 1"开始,需完成的交互逻辑是,点击按钮,选择图片,上传图片完成后在占位图的位置显示这张图片,"按钮文本"变为"开始游戏",再次单击按钮,界面跳转到"页面 2"。

由于上传的图片将会在接下来的很多地方用到,所以将上传后的图片地址使用一个"文本变量"组件来存储,方便以后使用。

在"前台"下创建一个"文本变量"组件，命名为"图片地址"，然后将占位图的素材资源地址绑定为该变量，如图 6-17 所示。

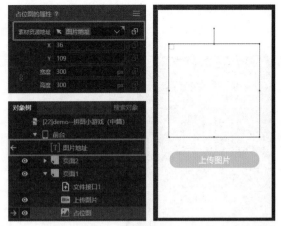

图 6-17

给按钮添加一个点击事件，当点击按钮的时候，如果变量"图片地址"的值是空的，说明用户还没上传图片。此时可使用"文件接口"组件的上传图片功能，该功能会让用户去拍摄或选择一张图片进行上传，用户上传完成后会触发该功能的回调并返回图片的资源地址，所以在回调里将变量"图片地址"赋值为返回的图片的资源地址，并将"按钮文本"改为"开始游戏"。

当用户再次点击按钮的时候，可以确定此时变量的值已经不为空了，"按钮文本"也已经改变了，所以当点击按钮的时候，如果变量"图片地址"的值不为空，说明用户已经上传了图片，"按钮文本"也已经是"开始游戏"，此时使用"前台"的跳转到页面功能，将界面跳转到"页面 2"，按钮的事件，如图 6-18 所示。

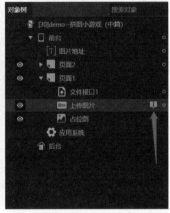

图 6-18

界面跳转到"页面 2"后，用户应该看到的游戏界面是计时提示，拼图区的空白九宫格，以及碎片区的随机顺序的图片碎片，此时预览显然是什么都看不到。上一节的游戏界面是先在编辑器里用准备好的图片碎片和矩形组件布置好的，用户可以直接看到，而这一节并没有事先准备和布置，游戏界面将通过事件生成，所以当用户点击"开始游戏"按钮时，除了跳转到"页面 2"，还需要生成游戏界面。

生成游戏界面的过程无非就是对"画布"中的组件进行操作的过程，将会使用到组件很多功能动作，这里将使用"动作组"组件来将这些动作集合在一起。"动作组"即组件动作的集合，当调用某个"动作组"时，意为执行"动作组"里的所有动作，主要用于将一系列组件动作集合在一起形成一个可以重复使用的固定功能，"动作组"组件的主要功能就是方便重复执行一系列组件动作，如这里的生成游戏界面，后面将会重复执行。

"动作组"组件在编辑器右侧的逻辑组件栏中添加,现在在"页面 2"的"画布"下添加一个"动作组"组件,命名为"生成游戏界面",如图 6-19 和图 6-20 所示。

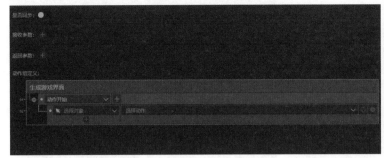

图 6-19　　　　　　　　　　　　　　　　图 6-20

2. 生成游戏界面

创建一个格子模板和碎片模板,在"画布"下添加一个"矩形"组件,命名为"格子模板",宽、高都设置为 100px,X 坐标、Y 坐标都设为 0,并且将其"自定义 ID"设置为 gezimoban,后面将通过事件复制这个模板来生成拼图区的九宫格,如图 6-21 所示。

> ! 注意:这里的"自定义 ID"gezimoban 并没有实际意义,只是一个标记,后面将用于区分模板矩形和复制的矩形。

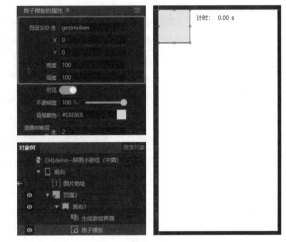

图 6-21

同样地,在"画布"下添加一个"缩放容器"组件,命名为"碎片模板",原始宽、高设置为 100px,X 坐标、Y 坐标都设置为 0,"宽高缩放比"保持为 1,"自定义 ID"设置为 suipianmoban,如图 6-22 所示。

在"碎片模板"下添加一个"矩形"组件,命名为"遮罩",宽、高都设置 100px,X、Y 都设置为 0,如图 6-23 所示。

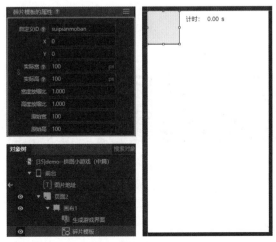

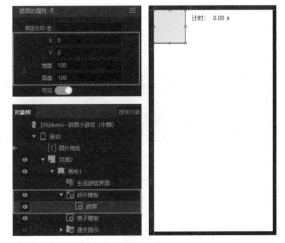

图 6-22　　　　　　　　　　　　　　　　图 6-23

再在"碎片模板"下添加一个"图片"组件，命名为"碎片图"，宽、高都设置为 300px，X 坐标、Y 坐标都设置为 0，清空"素材资源地址"，并且选择"遮罩对象"为刚刚创建的矩形"遮罩"，如图 6-24 所示。

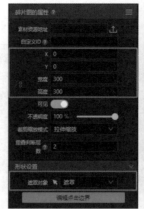

图 6-24

模板已经创建完毕，先将这两个模板隐藏。然后回到"动作组"中开始生成逻辑的制作。

第一关是 3×3 的拼图，即 3 行 3 列，所以先在"动作组"里添加两个嵌套的"次数循环"，每个循环3 次，外层循环表示 3 行，内层循环表示 3 列，在循环里使用"画布"的"创建对象"功能，"模板对象"选择之前创建的"格子模板"，如图 6-25 所示。

"创建对象"功能创建出来的组件属性会和模板组件一模一样，即都是在"画布"内坐标为 0 的位置，宽高都是100px，并且全都不可见，因为模板的属性如此。

显然这不是想要的效果，所以在创建的时候需要对属性进行调整，"格子模板"的 ID是 gezimoban，这里创建对象时自定义 ID 设置为"循环次数 1，循环次数 2"，即创建出来的组件的 ID 将会是 0.0、0.1、0.2、

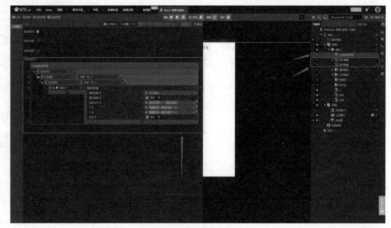

图 6-25

1.0、1.1……的形式，每个都不一样且与模板有明显区别。

"可见"属性当然也应该设为"是"。被创建的对象位置希望是从拼图区的左上角开始，因此 X 设置为"拼图区 .X+ 循环次数 2*100"，Y 设置为"拼图区 .Y+ 循环次数 1*100"。通过此公式，创建出来的组件的位置将会是 X:Y、X+100:Y、X+200:Y、X:Y+100、X+100:Y+100……这样就组成了一个九宫格拼图区。这些矩形宫格只是一个指示区，所以还需要将"置于底层"属性选择为"是"，以免遮挡住画布里的其他组件。

现在给"画布"添加一个初始化事件，画布初始化时调用该"动作组"，如图 6-26 所示。预览即可以看到九宫格已经可以自动生成。

图 6-26

用同样的方法生成碎片区，在刚刚动作组的循环内添加一个创建对象的动作，模板对象选择碎片模板，自定义 ID 设置同上，X 设置为"碎片区 .X+ 循环次数 2*100*2/3"，Y 设置为"碎片区 .Y+ 循环次数 1*100*2/3"，宽度和高度的放缩比均为 1*2/3，可见属性为"是"；子对象选择"碎片图"，设置素材资源地址为"图片地址"，如图 6-27 所示。

图 6-27

与创建格子模板不同的是，碎片区大小是拼图区大小的 2/3，此时的碎片大小是小于实际大小的，所以创建的时候调整了"碎片模板"的放缩比属性，同时也为其子组件碎片图的"素材资源地址"设置"前台"下的"图片地址"变量。

预览可见碎片区已经可以生成，碎片图也已经可以显示，但碎片图显示的都是图片本身的左上角那 100px 的部分，效果不理想。所以，创建碎片的时候，还需要对"碎片图"的其他属性进行调整。

只显示左上角是因为模板中的"遮罩"矩形，之前对"碎片图"设置了"遮罩对象"为"遮罩"矩形，所以只有被"遮罩"矩形覆盖的部分可以被看见，"遮罩"矩形和"碎片模板"的位置是重合的，"遮罩"矩形的位置不能变，所以需要改变碎片图的位置，以达到让"遮罩"矩形所覆盖的部分不同，从而显示碎片图的不同区域，实现切图的效果。因此，在创建对象动作下方增加对碎片图 X 和 Y 属性的设置，X 设置为"–1* 循环次数 2*100"，Y 设置为"–1* 循环次数 1*100"，如图 6-28 所示。

图 6-28

再次预览，已经可以在碎片区看到一张完整的图片了，到这里可以确定的是，每个碎片所显示图像正确，并且每个碎片的 ID 与拼图区对应位置的矩形的 ID 是一样的，都是 0.0、0.1、0.2……的形式，所以 ID 将是后面判断碎片是否拖曳至正确位置的依据。ID 相互对应了，拼图就成功了，于是现在 ID 和图像的关系也不能再变了，接下来就是需要保持 ID 和图像的对应关系不变的情况下，随机打乱碎片的显示顺序。

在"画布"下创建两个"一维数组"组件，分别命名为"碎片 ID 集"和"碎片坐标集"，在创建碎片的时候将碎片 ID 和碎片坐标存入这 2 个数组。碎片 ID 集的添加值与前面自定义 ID 设置一致，碎片坐标集添加值为碎片的 X、Y 坐标，也就是"[碎片区 .X+ 循环次数 2*100*2/3，碎片区 .Y+ 循环次数 1*100*2/3]"，如图 6-29 所示。

图 6-29

这样便得到了两个数组，值分别如下。

ID 集: 0.0、0.1、0.2、1.0、1.1、1.2……

坐 标 集: [0,0]、[100*2/3,0]、[2*100*2/3,0]、[0,100*2/3]、[100*2/3, 100*2/3]、[2*100*2/3,100*2/3]……

此时 ID 和坐标是正确顺序的一一对应关系，而 ID 和坐标的对应关系是可以打乱的，因为坐标不是后面判断拼图是否成功的依据，所以打乱坐标数组的顺序并将对应 ID 的碎片重新设置为打乱顺序后的坐标。在这之前，先选中"碎片模板"，给其添加一个自定义数字变量，命名为"序号"，用这个变量来存储 ID 在 ID 集数组中的"序号"，后面将会用到，如图 6-30 所示。

图 6-30

回到"动作组"中，之前的嵌套循环是在创建格子和碎片，并且获得了碎片的 ID 集和坐标集，接下来使用"一维数组"组件的"随机排序"功能来打乱坐标集的顺序。然后再添加一个"次数循环"，循环次数选择 ID 集数组的元素个数，每次循环都需要找到和当前 ID 集中的 ID 相同的碎片重新设置 X、Y 坐标。在此循环里添加一行选择多个对象的动作，对象范围为"画布 1"，对象类型为"放缩容器(或碎片模板)"，筛选条件设置为"自定义 ID= 碎片 ID 集.某个元素(下标: 循环次数 1)"，X、Y 坐标设置为坐标集里对应的当前坐标"X= 碎片坐标集.某个元素(下标: 循环次数 1)[0]"，"Y= 碎片坐标集.某个元素(下标: 循环次数 1)[1]"；最后给该碎片的序号赋值成循环次数 1，即 ID 集的当前序号，如图 6-31 所示。

图 6-31

预览可见碎片顺序已经被随机打乱了，至此初始的游戏界面就已经生成完毕了。

3. 拼图交互

接下来制作拼图的交互逻辑，制作方式和上节基本一致。

将"碎片模板"的"允许拖动"和"拖动边界"属性打开，并添加一个自定义布尔变量，命名为"位置是否正确"。再添加两个自定义数值变量，分别命名为 X1 和 Y1，用于存储碎片位置正确时的目标坐标，如图 6-32 所示。

图 6-32

因为"碎片模板"是缩放容器组件，该组件不支持重叠事件，所以这里给"碎片模板"下的矩形"遮罩"添加重叠事件，重叠对象选择"格子模板"。矩形"遮罩"和"格子模板"不应在同一层级，需要先将矩形"遮罩"的重叠判断层级提升一级，默认是 2，这里改为 3，如图 3–33 所示。

图 6-33

接下来，在矩形"遮罩"事件中处理开始重叠和结束重叠事件。开始重叠事件下，判断当前碎片的 ID 和当前格子 ID 一样时，说明当前碎片的位置正确，将当前碎片的自定义布尔变量"位置是否正确"设置为 true，并将当前格子的坐标存入自定义数值变量 X1 和 Y1。结束重叠事件下，判断当前碎片的 ID 和当前格子 ID 一样时，意味着正确的碎片被移出，将"位置是否正确"设置为 false，X1 和 Y1 赋值为 0，如图 6–34 所示。

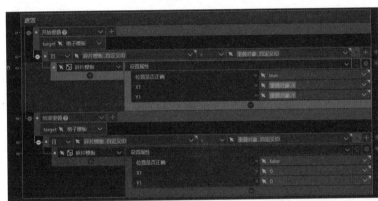

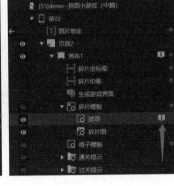

图 6-34

再添加手指离开事件，当手指离开时，如果碎片的位置正确，就将该碎片定位于刚刚存储的 X1 和 Y1 的位置，碎片宽高放缩比为 1，否则将碎片位置和大小都复原为创建时的数据。复原碎片位置时，用到了之前的碎片坐标集数组数据，设"X=碎片坐标集.某个元素 (下标:碎片模板.序号)[0]"，"Y=碎片坐标集.某个元素 (下标:碎片模板.序号)[1]"，宽高放缩比均为 1*2/3 即可，如图 6–35 所示。

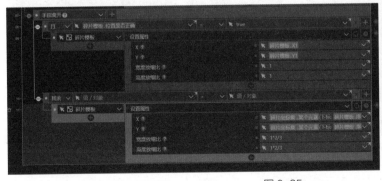

图 6-35

此时预览会发现，在拖曳碎片时，碎片可能会被其他碎片遮挡，于是再添加一个手指按下事件，当手指按下时，让当前碎片置于顶层，如图 6–36 所示。

图 6-36

4. 过关判断

拼图的交互已经完成，现在需要在拼图完成后显示过关提示。在"画布"下添加一个"数值变量"组件，命名为"正确碎片数"，初始为 0。打开遮罩的事件面板，在开始重叠和结束重叠事件下，当碎片位置正确时让该变量 +1，否则 –1，如图 6-37 所示。

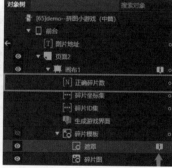

图 6-37

在手指离开事件下，判断该变量是否等于碎片总数，如果等于，说明过关了，显示过关提示，否则未过关，隐藏提示，如图 6-38 所示。

图 6-38

至此，第一关的制作已经完成。现在需要用户点击"下一关"按钮进入第二关。进入第二关后，用户看到的界面和第一关几乎一样，不同的是格子的数量和碎片的数量，但界面生成逻辑是和第一关一样的。所以，只需要改一改动作组，让"生成游戏界面"动作组能同时适用第一关和第二关。

先在"画布"下添加一个"数值变量"组件,命名为"关卡",默认值设置为 1,如图 6-39 所示。

回到生成游戏界面动作组的嵌套"次数循环"里,因为需要生成的界面可能是 3×3,也可能是 4×4,所以循环次数不能是固定的 3 了,而是根据"关卡"的不同而不同。设置两层循环的次数均为"关卡 ==1?3:4"。同理,创建格子模板和碎片模板的宽高和坐标公式都需要根据"关卡"的不同而不同。以创建格子模板为例,创建对象时 X 改为"拼图区 .X+ 循环次数 2*100*(3/(关卡 ==1?3:4))",Y 设置为"拼图区 .Y+ 循环次数 1*100*(3/(关卡 ==1?3:4))",宽高均设为"100*(3/(关卡 ==1?3:4))"。

图 6-39

同理,修改创建碎片模板的配置,碎片 X 改为"碎片区 .X+ 循环次数 2*100*2/(关卡 ==1?3:4)",Y 设置"碎片区 .Y+ 循环次数 1*100*2/(关卡 ==1?3:4)",宽高放缩比均设为"1*2/(关卡 ==1?3:4)",子对象宽高调整为"100*(关卡 ==1?3:4)"。由于碎片的 X、Y 坐标调整,碎片坐标集添加值的动作也需要同步修改为"[碎片区 .X+ 循环次数 2*100*2/(关卡 ==1?3:4), 碎片区 .Y+ 循环次数 1*100*2/(关卡 ==1?3:4)]",修改后如图 6-40 所示。

图 6-40

在进入第二关生成游戏界面的时候,界面中可能已经有上一关的格子和碎片,且之前用到的变量也可能是有值的,所以需要先尝试删除已有的这些格子和碎片,清空变量的值以生成干净的界面。在生成游戏界面动作组最上方添加几行动作,如图 6-41 所示。

(1) 选择画布 1 中对象类型为矩形 (或格子模板) 且"自定义 ID ≠ gezimoban"的多个对象并执行移除当前对象动作。

(2) 选择画布 1 中对象类型为放缩容器 (或碎片模板) 且"自定义 ID ≠ suipianmoban"的多个对象并执行移除当前对象动作。

(3) 碎片 ID 集和碎片坐标集执行清空数组动作。

(4) 正确碎片数赋值为 0。

图 6-41

同时，"碎片模板"下的矩形"遮罩"的手指离开事件的设置也需要根据"关卡"的不同而不同。进入遮罩的事件面板，手指离开事件下，若碎片模板位置正确，碎片模板设置属性中宽高比改为"1*3/(关卡==1?3:4)"，其余情况下，碎片模板设置属性中宽高比改为"1*2/(关卡 ==1?3:4)"。因为现在有两个关卡，需要再处理一下过关和通关提示的触发场景，实现通过第一关时提示过关提示，通过第二关后提示通关提示。在"正确碎片数 = 碎片 ID 集 . 元素个数"条件下，加一行判断关卡是否等于 1 的事件，若是则为过关提示，否则为通关提示，其余情况隐藏过关和通关提示。遮罩事件逻辑修改后，如图 6-42 所示。

图 6-42

至此，原有逻辑已经修改为可以支持两关的逻辑了。给"过关提示"下的"下一关"按钮添加一个点击事件，点击时，"关卡"加 1，并再次调用"生成游戏界面"动作组，如图 6-43 所示。

图 6-43

5. 计时

在"画布"下添加一个"触发器"组件，"时间间隔"设置为 0.01s，即每 0.01 秒都会触发一次触发器的事件，如图 6-44 所示。

添加触发器事件后，每当触发器触发时，让画布下的时间文本赋值为刷新间隔 * 触发次数，即可显示触发器总共运行的时长，时长保留两位小数。这里我们可以点击下箭头选择数学公式里的 floor 函数，设置后的值为"floor(值 : 刷新间隔 * 触发次数 *100)/100"，如图 6-45 所示。

图 6-44

图 6-45

再让触发器在游戏开始的时候播放，那么时间文本显示的就是游戏时长，所以在生成游戏界面动作组最后添加一行动作让触发器播放，如图 6-46 所示。

图 6-46

过关和通关时暂停触发器，通关时将总时间赋值给通关提示文本，这一步需要加在遮罩事件中触发过关或通关提示的位置，即判断"正确碎片数 = 碎片 ID 集 . 元素个数"条件下，如图 6-47 所示。至此，拼图小游戏的制作已经全部完成。

图 6-47

6.2.4 课后思考

这一章演示制作了两个关卡，如果想要继续升级难度，制作更多的关卡，应该怎么修改逻辑呢？

6.3 九宫格拼图小游戏（下）

6.3.1 学习目标

本节将接着上一节的游戏，完成排行榜的制作。

当用户通关后，游戏中会记录用户的最好成绩，用户可以查看排行榜，排行榜中会显示所有用户的头像昵称和通关用时排名，如图 6-48 所示。

制作步骤仍然是从 UI 开始，然后添加交互逻辑和数据逻辑来完成排行榜的制作。

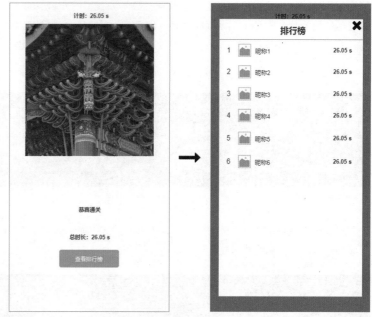

图 6-48

6.3.2 UI 布局

在"通关提示"下添加一个"按钮"组件，"按钮文本"设置为"查看排行榜"，放在适当的位置，然后继续隐藏掉整个通关提示，如图 6-49 所示。

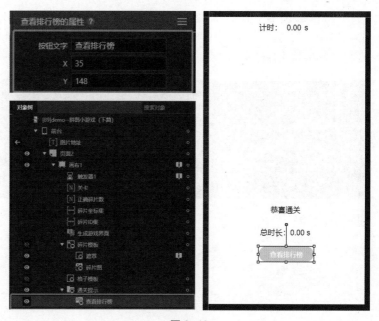

图 6-49

在"前台"下添加一个"横幅(相对定位)"组件,命名为"排行榜",宽、高都设置为"自动包裹内容",将"背景颜色"设置为白色(#FFFFFF),"整体布局"选择"中心",开启"背景蒙层",将"蒙层颜色"设置为 60% 透明度的黑色,如图 6-50 所示。

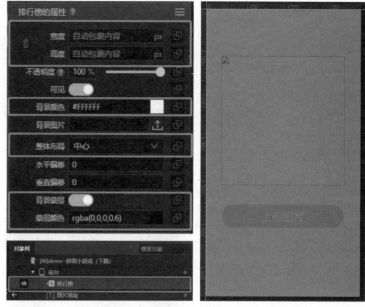

图 6-50

在横幅下添加一个"行"组件,命名为"标题",将"宽度"设置为 300px,"高度"设置为"包裹",清空"背景颜色",如图 6-51 所示。

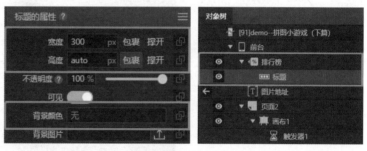

图 6-51

在"标题"行下添加一个"文本"组件,内容为"排行榜",将"宽度"设置为 100%,"高度"设置为 80px,样式加粗,水平和垂直都居中对齐,如图 6-52 所示。

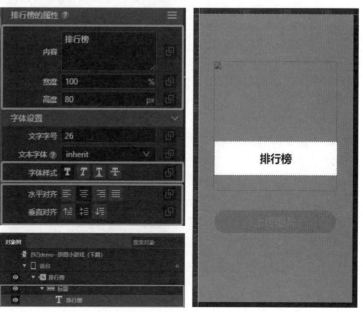

图 6-52

再在"标题"行下添加一个"图标"组件，素材选择"关闭"，宽、高都设置为30px，"左外边距"设置为–30px，如图6–53所示。

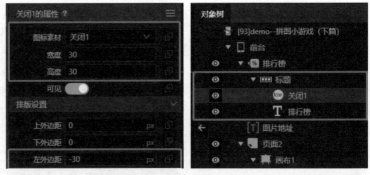

图 6–53

在横幅下再添加一个"列"组件，命名为"列表"，将"宽度"设置为100%，"高度"设置为500px，清空"背景颜色"，将"剪切"属性选择为"使用滚动(仅y轴)"，设置"边框宽度"为1px，设置"边框颜色"为黑色(#000000)，并且只显示上边框，如图6–54所示。

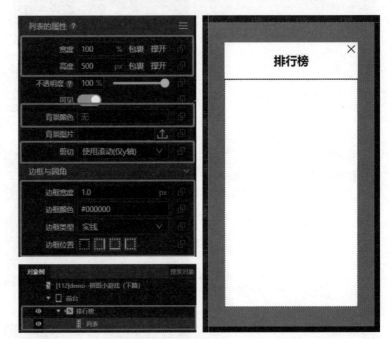

图 6–54

在"列表"下先添加一个"循环创建"组件，再在"循环创建"下添加一个"行"组件，命名为"列表项"，将"宽度"设置为100%，"高度"设置为60px，清空"背景颜色"，将"垂直对齐"选择"居中"，"水平对齐"选择"等间距"，关闭"自动换行"，左、右内边距都设置为15px，如图6–55所示。

图 6–55

在"列表项"下再添加一个"行"组件，命名为"左"，宽、高都设置为"包裹"，清空"背景颜色"，将"垂直对齐"选择为"居中"，关闭"自动换行"，如图 6-56 所示。

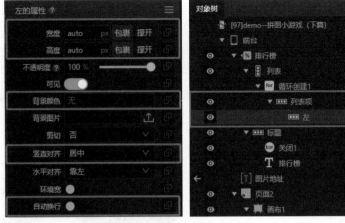

图 6-56

再在"列表项"下再添加一个"文本"组件，命名为"时长"，宽、高都设置为自动，关闭"换行"，如图 6-57 所示。

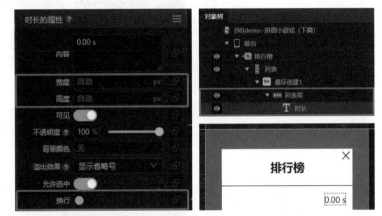

图 6-57

在"左"下添加一个"文本"组件，命名为"排名"，宽、高都设置为 30px，关闭"换行"，"垂直对齐"和"水平对齐"方式都设置为"居中"，如图 6-58 所示。

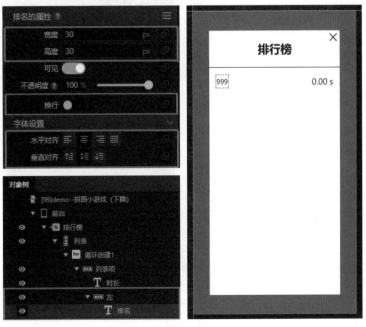

图 6-58

在"左"下再添加一个"图片"组件，命名为"头像"，清空"素材资源地址"，宽、高都设置为40px，"左外边距"设置为5px，如图 6-59 所示。

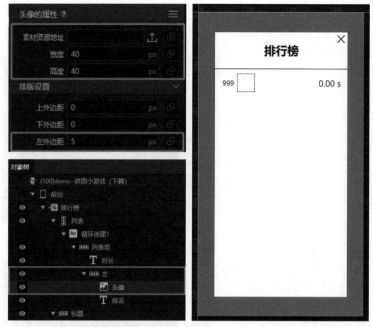

图 6-59

在"左"下再添加一个"文本"组件，命名为"昵称"，宽、高都设置为自动，关闭"换行"，"左外边距"设置为5px，"最大宽度"设置为 100px，如图 6-60所示。至此，UI 部分就已经全部完成。

图 6-60

6.3.3 数据逻辑

排行榜的数据来源是后台存储的用户时长记录，分为存入和输出两部分。先制作存入的逻辑，再制作输出的逻辑。

1. 数据存入

在"后台"添加一个"私有数据库"组件，命名为"时长记录表"，表里添加 3 个字段，分别为资源类型字段"头像"、文本类型字段"昵称"、数值类型字段"时长"，如图 6-61 所示。

图 6-61

再在"后台"添加一个"服务"组件，命名为"时长记录更新"，此服务的目的是存入或更新当前用户的时长记录、头像和昵称信息，所以"接收参数"有新时长、头像和昵称，如图 6-62 所示。

图 6-62

服务开始后，先查询时长记录表中是否有当前用户的信息，即输出一条提交用户为"当前用户"的最新数据，根据回调结果判断是否有数据存在，然后分情况进行逻辑制作，如图 6-63 所示。

如果数据是空，即没有数据，说明该用户是第一次通关，此时直接向数据库提交信息，然后服务即可结束，如图 6-64 所示。

如果有数据，则说明该用户之前已通关过，已经存入过时长记录，则需要先判断新的时长记录是否小于已经存在的时长记录。如果小于，说明新的成绩更好，那么将已经存在的时长记录更新为新的时长记录，同时更新头像和昵称，然后服务结束；如果不小于，说明新的成绩并没有更好，那么没有必要更新，直接结束服务即可。此逻辑即可保证数据库中储存的时长记录是该用户的最短时长记录，如图 6-65 所示。

数据存入的逻辑准备完毕。

图 6-63

图 6-64

图 6-65

2. 数据输出

在"后台"添加一个服务，命名为"分页输出时长记录"，分页即为每次输出一部分数据，而不是全部输出，是为了提升效率和减少服务器消耗的一种方式，所以该服务需要接收"起点行号"和"输出行数"两个参数，返回参数即为"数据"，如图 6-66 所示。

图 6-66

在服务里只需要对数据库进行按时长的升序输出即可，如图 6-67 所示。

数据输出的逻辑准备完毕。

图 6-67

6.3.4 交互逻辑

数据来源的逻辑准备完成后，即可开始制作与数据相关的交互逻辑，数据的交互分为数据存入和数据展示两部分。

1. 数据存入

在"前台"下新添加两个"文本变量"组件，分别命名为"头像"和"昵称"，同时再添加一个"微信公众号"组件，如图 6-68 所示。

打开"配置"面板，在"接口配置 > 微信 > 微信公众号"中，打开"开启授权"，"初始获取头像昵称"选择"是"，再给该"配置名称"任意取一个名称，这里命名为"拼图"，单击"保存配置"按钮，如图 6-69所示。

图 6-68   图 6-69

接下来，给"微信公众号"组件添加事件，当该组件初始化时，使用该组件获取当前账号信息，并将获取到的用户头像和昵称赋值给刚刚创建的头像和昵称两个变量，如图 6-70 所示。

图 6-70

这样当在微信中打开该拼图游戏时，即可获得用户的微信头像和微信昵称并暂存在"前台"下的"头像"和"昵称"变量里。

回到之前遮罩事件面板中显示通关提示的地方，修改此处的逻辑，当用户通关时，调用"时长记录更新"服务，将最终时长、头像和昵称提交到后台，然后在服务完成回调中显示通关提示，数据存入的逻辑就完成了，如图 6-71 所示。

图 6-71

2. 数据展示

在"前台"下添加一个"对象数组"组件，命名为"排行榜数据"，导入结构选择后台的"时长记录表"，如图 6-72 所示。

将排行榜"列表"下的"循环创建"组件的"数据来源"，选择为刚刚创建的"排行榜数据"对象数组变量，如图 6-73 所示。

接下来就可以进行排行榜的数据绑定了，"排名"文本的"内容"绑定为"当前序号 +1"（因为当前"序号"的值是从 0 开始的），如图 6-74 所示。

图 6-72

图 6-73　　　　　　　图 6-74

"头像"图片的"素材资源地址"绑定为"当前数据"的"头像"字段,如图 6-75 所示。

"昵称"文本的"内容"绑定为"当前数据"的"昵称"字段,如图 6-76 所示。

同理,"时长"文本的"内容"绑定为"当前数据"的"时长"字段,如图 6-77 所示。

图 6-75 图 6-76 图 6-77

数据绑定完毕,接下来就是将数据注入变量中,UI 即可展示数据了。数据是分页获取的,所以数据注入分为两步,排行榜显示时的首次注入,以及滑动排行榜到底部时注入更多数据。

首次注入是在排行榜显示时,即点击"查看排行榜"按钮时。所以给该按钮添加事件,当点击按钮时,调用"分页输出时长记录"服务,从第一行开始,获取 15 行,将获取到的数据赋值给"前台"下的"排行榜数据"变量,然后显示排行榜,如图 6-78 所示。

注入更多数据是在排行榜滑动到底部时去获取,所以给排行榜下的"列表"组件添加事件,当列表滚至底部事件触发时,调用"分页输出时长数据"服务,从已经获得的数据的下一行开始,再获取 15 行,将服务返回结果中获取到的数据,通过对象数组的添加多行数据动作添加至已有数据的后面(结尾),如图 6-79 所示。

图 6-78

数据展示制作完成。最后给标题下的关闭图片添加一个点击事件,设置点击图片时隐藏排行榜横幅,再默认隐藏排行榜横幅,全部设置就完成了,如图 6-80所示。

图 6-79

图 6-80

6.3.5 课后思考

这一节演示了常规顺序排行榜的制作方法,如果排行榜中要始终显示当前用户的排名又该如何制作呢?

第 7 章

高级实战项目

7.1 项目介绍

7.1.1 项目背景

在线表单具有强大的数据收集功能，多用于活动报名、意见反馈、需求征集、线上预约、企业审批和项目申报等。在线表单主要实现如下功能：

- 用户操作简单、快捷；
- 可自定义表单样式和内容；
- 支持单选、填空等多题型；
- 表单数据收集后可汇总导出；
- 支持链接/二维码形式分享表单。

在 iVX 中开发一款在线表单应用并不难，本节将对 iVX 表单应用的开发过程进行详细介绍，效果如图 7-1 所示。

在 iVX 官网上，目前提供了包括表单、BI 和工作流三种办公引擎，以及一个支持文档写作的知识库应用，可免费体验和下载源码，如图 7-2 所示。

图 7-1

图 7-2

7.1.2 主要功能

1. 表单管理

进入 iVX 表单工具，先在表单管理中看到的是全部表单，即所有未删除的表单和回收站中已删除的表单模板，如图 7-3 所示。用户可新增、编辑和删除表单模板，或查看每个模板下已收集的表单记录(源于表单填写)。

图 7-3

2. 表单设计

用户通过表单工具，可自行设计一个有特定结果且内容为空的表单、问卷模板，如图7-4所示。例如，参加活动时的信息登记表，财务报销时的报销申请表。

图 7-4

3. 表单分享

表单模板创建并保存后，可以通过填写地址、二维码的方式分享给其他成员，如图7-5所示。

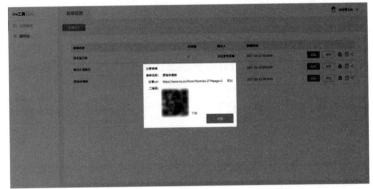

图 7-5

4. 表单填写

在填写表单时，界面按照之前的设计效果排列展示要填写的字段，如图7-6所示。用户完成填写后，单击"提交"按钮，数据会记录至后台。

图 7-6

5. 表单记录

用户每次填写表单时产生的记录，仅代表那一次用户所填写的内容、时间等数据。多次填写会产生多条记录，如员工 A 和员工 B 都填写并提交报销申请表，他们二人所填写的各为一条表单记录。表单记录以表格形式展示，支持导出 Excel，如图 7-7 所示。

图 7-7

6. 表单打印设置

未设置自定义打印效果时，系统会自动将表单宽高、框线根据内容长度自适应调整进行打印。如有特殊打印需求，可在打印设置中开启并设置自定义打印模板。表单打印设置，如图 7-8 所示。

图 7-8

7.2 分析与准备

7.2.1 项目结构

1. 后台

后台数据库，包含表单模板、表单实例，如图 7-9 所示。表单模板 formTable 用来存储定义表单的 JSON 结构；表单实例 formInstance 根据相应的模板由用户填写后生成，其 JSON 数据用来存储相应的值。

在功能方面，后端数据库有获取表单模板，创建表单模板，删除，恢复等基本操作，如图 7-10 所示。

知识补充：JSON 指的是 JavaScript 对象表示法 (JavaScript Object Notation)，是一种轻量级的文本数据交换格式。它的语法是建立在 JavaScript 的对象或数组的结构之上，其表现形式为 {"name":"tom"} 的键值对对象，或 [{name:"tom"}] 的数组。我们这里使用 JSON 的主要目的是便于保存和展示自定义表单结构和数据。

图 7-9

图 7-10

2. 前端

前端应用的对象树,如图 7-11 所示。其页面及功能划分如下:

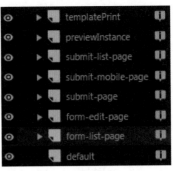

图 7-11

- 默认页:读取页面参数,判断所要跳转到的页面。
- 表单管理页:展示已有表单模板,分为未删除模板和已删除模板,列表中的每一条需要显示表单的名称、创建时间、提交的实例数目、相关操作按钮(如进入相应编辑页的按钮、提交按钮等)。
- 表单编辑页:表单模板字段的添加 / 修改 / 删除 / 移动字段顺序,表单如果用于打印还需要在编辑页设置打印模板。
- 提交表单页:模板建好之后便可以供用户填写,对于不同字段类型(单行文本 / 单选 / 时间选择 / 文件上传)需要维护不同的交互逻辑。
- 手机提交页:用户在手机上填写和提交表单,生成表单实例的页面。
- 表单实例列表页:展示对应模板所提交的记录。
- 实例预览页:在实例列表页单击某个实例后跳转到本页,本页为只读,需要和提交页有所区分。
- 实例打印页:打印已填写好的表单实例。

7.2.2 数据表设计

为了方便复用与二次修改,后端的数据库表主要分为表单模板与表单实例。

表单模板中存储基本数据字段,包括表单的基础属性、样式、字段和交互规则等,如表 7-1 所示。例如,填写健康调查表,表的字段包括姓名(单行文本)、年龄(数字)等,这些定义是根据表单模板中记录的数据进行显示的。

表 7-1 表单模板 (formTable) 表

字段名称	字段类型	字段描述
title	string	模板标题
userName	string	提交人姓名
submitNum	number	该模板所创造的实例数量
content	JSON	模板字段的 JSON 数据
templateStyle	JSON	如果用到模板打印,对应地设置 JSON
templateStyleName	string	打印模板名称
userId	number	提交人 ID
uuid	number	设备唯一标识

注:userName 字段本身不应该存到这里,而是应该根据用户表依据 userId 拉取,因为用户名在用户表中有可能已经发生了变化。但是存冗余的好处是减少了数据库读取。在用户信息在三方应用中需要额外请求开支的情况下,这样做可以减少应用的渲染时间。

实例由相应的表单模板生成,实例的字段可以有不同的值,如表 7-2 所示。例如,当用户在表单输入框中填写或选择具体的值(如姓名为"张三",年龄为 20),这个填写的数据记录便是表单实例的数据记录。表单允许多次填写,每次填写的数据都会存储为不同的实例记录。

表 7-2 表单实例 (formInstance) 表

字段名称	字段类型	字段描述
flowInstanceId	number	流程实例 ID,即这条记录的 ID
formTemplateId	number	实例记录对应的表单模板 ID
content	JSON	表单内容对应模板字段的 JSON 数据
style	JSON	记录中对应的表单打印模板样式
styleName	string	记录中对应的表单打印模板名称

(续表)

字段名称	字段类型	字段描述
userId	number	提交人 ID
uuid	number	设备唯一标识

注：表里的 userId 和 uuid 是用来确定实例属于某个测试企业下的某一个测试员工，可以理解为员工 ID 和企业 ID。因为本项目接入用户体系是专用于演示环境，根据访问设备自动创建测试企业和员工账号，如果自己搭建正式系统的用户体系，就将这两个字段换成员工 ID 和企业 ID 来使用。

7.2.3 流程梳理

表单流程梳理，如图 7–12 所示。

7.2.4 表单项设计

参考常见的表单填写内容，表单工具中提供了以下几种基础的表单项，每项的 UI 风格保持统一和简洁，且可由用户设置表单项宽度、字段名称和引导文字等。

单行文本：常用于标题、人名等短内容的填写。

多行文本：常用于描述、说明等长内容的填写，填写内容支持换行。

数字：常用于金额、数量和号码等纯数字内容的填写。

日期：从日历中选择指定日期。

下拉菜单：表单模板中配置好选项，填写人点击选择，支持单 / 多选。

地址：首行为省 / 市 / 区的选择，并且需要在输入框中输入详细地址。

备注：展示表单模板中配置好的一段说明，填写者只可阅读，不可修改。

除此之外，还有其他类型的表单项，开发者可以在实际开发过程中自行设计和添加，如图 7–13 所示。

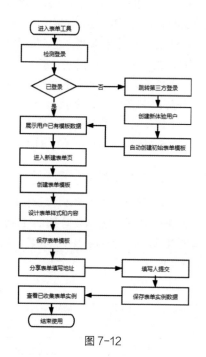

图 7-12

图 7-13

表单中还需设计在填写页的可编辑状态和表单记录查看时的只读状态 (不可编辑)，如图 7-14 和图 7-15 所示。

图 7-14　　　　　　　　　　　　　　图 7-15

7.2.5 接入用户体系

用户体系使用的是 API 调用的方式，依赖其他应用，可简单理解为通过 API 接入第三方用户体系。在开发一些企业应用或第三方平台应用时会经常用到此方法，如图 7-16 所示。

接入用户体系前，要先熟悉用户体系，第三方通常会有接口和开发文档提供。本次要接入的是一个演示环境的用户体系，下面进行简单介绍。

演示用户是根据访问设备自动创建的测试企业和员工账号，此功能由第三方登录案例提供，不需要开发，感兴趣的读者可以在 iVX 官网下载。在本次开发的表单项目里，只需判断本地 cookie 是否存在 user 字段，如果不存在则需前往登录案例进行登录，登录成功后由该案例将 user 写入 cookie。之后，调用其公共服务 getuserlist，会返回当前可用的 5 个演示账号，它们同属一个企业且具有连号的 userid。

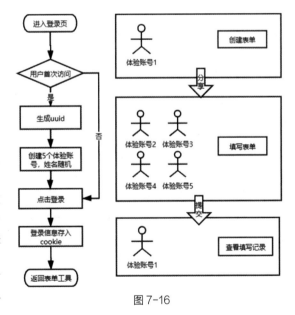

图 7-16

引入 uuid 的原因是对外演示时，希望实现的效果是每一个来体验的真实用户都能自动分配一套测试账号，且测试数据独立不受其他体验者影响。若只使用 userid 做区分，该登录方式可能存在不同终端获取到的 user 值相同的问题，如果仅用 user 区分用户，那么不同用户的体验数据可能互通造成相互干扰。因此，基于外部 API，需要对认证做出相应调整，解决方法是给浏览器配置一个唯一值，取名为 uuid，利用 userid 区分 userlist 的用户信息，用 uuid 区分真实用户。

综上所述，接入用户体系首先要做的是判断 cookie 是否存在，如果存在则拉取 getuserlist 的用户列表数据存在本地，如果不存在则跳转到第三方应用的登录页面。登录后，跳转回登录前的地址，即开发的表单工具，自动登录为 userlist 里面的首个员工，并且可以在页面右上角查看和切换至企业可用员工，如图 7-17 和图 7-18 所示。

图 7-17

图 7-18

7.3 实战开发步骤

对于复杂的应用，通常会先从后台数据和服务开始搭建，包括确认数据结构和所有需要用到的服务。之后，完成前端界面搭建，再将通过后台服务获得的数据与前端组件绑定起来。这个顺序开发者也可以根据实际需要自行把握，先做前端样式再开发后台，或者前端后台同步开发都是可以的。

图 7-19

7.3.1 后台开发

后台数据结构和服务，相当于一栋建筑的地基和钢筋，在一个项目的开发中是非常重要的。

在"后台"建立准备环节中提到的数据表，在组件栏选择"后台私有数库"组件，如图 7-19 所示。

按照前文讲解的数据表设计，创建表单模板表 formTable 和表单实例表 formInstance，并添加对应字段，如图 7-20 所示。iVX 支持中文作为表名和字段名，大家可根据实际情况和个人习惯使用。

表单模板表的结构定义，如表 7-3 所示。

图 7-20

表 7-3　表单模板表

字段名称	字段类型	字段描述
title	String(文本)	标题
userName	String(文本)	创建人姓名
submitNum	Number(整数)	提交次数
content	JSON	内容模板结构
userId	Number(整数)	提交用户 ID
recycle	Number(整数)	通过 0 和 1 区分是否放入回收站
templateStyleName	String(文本)	样式名称
templateStyle	JSON	样式结构
uuid	String(文本)	非必须，可作为企业 ID 字段

在编辑器内，formTable 表单的模板数据表效果，如图 7-21 所示。

图 7-21

表单实例表的结构定义，如表 7-4 所示。

表 7-4　表单实例表

字段名称	字段类型	字段描述
formTemplateId	Number(整数)	表单模板 ID
content	JSON	带结构的表单填写内容
userId	Number(整数)	提交用户 ID
style	JSON	样式结构
styleName	String(文本)	样式名称
uuid	String(文本)	非必须，可作为企业 ID 字段

在编辑器内，formInstance 表单的模板数据表效果，如图 7-22 所示。

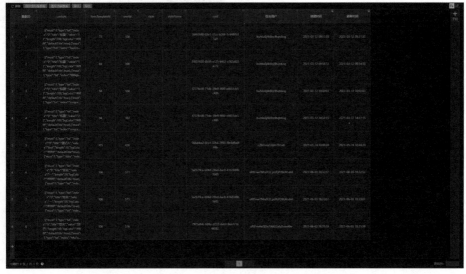

图 7-22

创建表单模板需要用到的服务，包括创建模板、保存模板、模板放入回收站、模板移出回收站、获取模板列表和获取回收站列表等。下面依次对这些服务进行讲解。

1. 创建表单模板 (createForm)

当单击新建表单模板时，需要创建一个具有默认值的表单，成功后跳转到模板编辑页，如图 7-23 所示。因为所提交的数据不多，"接收参数"只需要 4 个。

其中 content 是 JSON 类型，需要填写默认值如下。

[{"must":1,"title":" 标题 ","defaultTitle":true,"type": "txt","length":100,"bgColor":"#ffffff",index:"0"}]

看该数组可知，表单模板创建时默认包含的内容是一个字段名为标题的单行文本输入框。这样的处理可以让用户从标题输入框开始快速上手，也避免用户创建无用的空模板。这些字段和默认值都是自己定义的，所以在前端只要能统一规范就可以做到数据的共用。本实例使用的字段规范会在模板编辑页部分详细讲解。

图 7-23

2. 保存表单模板 (saveForm)

当保存表单模板时，会调用此服务更新数据库中已存储的对应 ID 的表单模板数据，如图 7-24 所示。服务参数和逻辑只用到 formTable 表的更新动作。模板数据更新动作需要通过表单模板 ID 进行匹配，每个表单模板的 ID 都是唯一不变的，而其余参数是有可能会发生改变的。因此，我们只需将筛选条件设置为数据 ID= 接收参数中的 id，将符合条件的记录中其余字段内容赋值为服务接收参数传入的值。最后处理一下服务回调，将更新结果在完成回调中设置给服务的返回参数。

图 7-24

3. 将表单模板放进回收站 (deleteForm)

删除表单模板的服务参数和逻辑，如图 7-25 所示。这个服务的参数同样只用到了 formTable 表的更新动作，并且删除操作只对 recycle 这一个字段进行更新。在服务开始时定义将数据 ID 一致的某条模板的 recycle 字段值赋值为 1，表示将其放入回收站。最后，将更新结果在完成回调中设置给服务的返回参数。

图 7-25

4. 恢复被删除的模板 (recycle)

将某条模板的 recycle 字段值设置为 0，表示将其移出回收站，如图 7-26 所示。

图 7-26

5. 获取模板列表 (getFormTemplateList)

用户获取当前企业下所有可用的模板列表。要实现这个功能，需创建一个获取模板列表的服务。服务参数和逻辑，如图 7-27 所示。

这里要确保用户拉取的列表数据互不干扰，因此需要在服务接收参数中加入 uuid 进行区分。先对 uuid 的参数进行校验，接着统计该 uuid 所有的模板数量，如果数量为 0，说明这个 uuid 账号下没有模板，认作"新用户"。

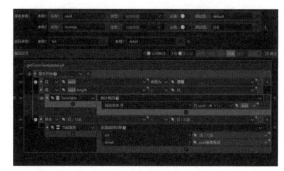

图 7-27

注意：图中多了一个 formIds 的接收参数（入参），用于实现输出指定模板 ID 的数据，非必填。formIds 可以不填写，为空则输出全部。再延展一下，如果想实现一个按模板名称搜索的功能，是不是可以再增加一个传入搜索关键字 title 的参数呢？这个问题留给大家在实战中自行探索。

接下来，对"新用户"做一下增加预设初始模板的特殊处理，此功能在本项目中不是必选的。如果是"新用户"，系统自动创建初始的表单模板，便于用户能够更快速地体验。而初始的模板是存于表单模板数据库中的，用 uuid="default" 进行区分。先将默认的初始模板(uuid="default")从表单模板数据库中输出，再提交为该用户的新模板。注意图中展开的输入框内容为：

输出结果 . 对象数组 . 值 .map(item=>{item.uuid=uuid;item.submitNum=0;return item})

这一步的效果是必须设置了新加模板的 uuid 是当前用户的 uuid，而不是 default 或其他，且设置的新模板的已提交表单数为 0，如图 7-28 所示。

如果统计该 uuid 所有的模板数量不等于 0，则从表单模板表中输出此 uuid 下所有 recycle 不等于 1 的模板，并将输出结果作为返回参数 (出参)list 的值返回给前端，如图 7-29 所示。

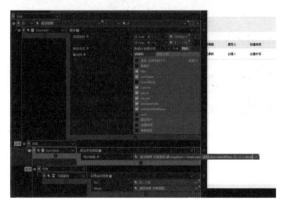

图 7-28

图 7-29

注意：recycle 等于 1 是之前定义的模板已放入回收站的状态标记，移入回收站就是将 recycle 设置为 1，不等于 1 表示模板未放入回收站。当然，用 true/false 或其他数字来区分也是可以的。

---

6. 获取回收站列表 (getRecycleFormList)

当用户进入回收站页面时，需要展示对应 uuid 下所有已放入回收站的表单模板。这里需要开发一个获取回收站列表的后台服务，实现方法是使用表单模板数据表的输出动作，并设置筛选条件为 "uuid= 传入参

数的 uuid 且 recycle 等于 1",最后将输出结果作为
返回参数 list 的值返回给前端,如图 7-30 所示。

现在已经完成了模板相关的基础服务,接下来
实现与表单实例相关的服务:填写表单、获取已填
写的表单实例记录和删除指定表单实例。

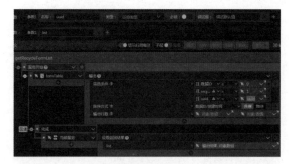

图 7-30

7. 提交表单实例 (submit)

新增一个 submit 服务,并设置服务接收参数和
返回参数,如图 7-31 所示。其中,uuid 和 userId 用
来确认表单的提交人,formTemplateId 指被填写的是
哪个表单模板,data 指用户填写的表单数据。通过
前端传入参数拿到这些数据后,就可以将其提交至
数据库存储起来。

图 7-31

服务开始,先根据 formTemplateId 获取对应的表单模板数据,用通用变量 result 暂存,如图 7-32 所示。
因为后面要将 result 中的模板打印样式提交至实例表中,大家可思考一下这样处理的原因。

将传入参数、上一步获取的 result 中的 templateStyle 和 templateStyleName 一并提交至表单实例表中。成
功提交实例后,再将 formId 对应的模板提交数 submitNum 加 1,修改成功返回结果为 success,若失败则返回
失败原因,如图 7-33 所示。

图 7-32	图 7-33

> **注意:** 这里来解释一下为什么要在表单实例里额外增加两个字段存储表单模板的打印样式,这样处理的
> 原因是考虑到用户使用场景下会不定期更新表单打印模板,如更换自定义打印时的底图、调整打印时文
> 字的位置和大小等,同时用户又希望更新后的打印效果仅对新增表单实例生效,不影响已提交的表单实
> 例(行政人员已按之前模板打印了纸质版并线下归档,如果线上已提交表单也跟着更新,就会和之前归
> 档的不一致)。如果用户没有此类需求,可以删除相关内容,简化逻辑。

8. 获取实例列表 (getSubmitList)

用户提交填写内容后,需要看到已收集的表单
实例(填写)记录,这里新建一个获取实例列表的记
录。服务的接收参数和返回参数,如图 7-34 所示。
其中,参数 formTemplateId 指表单模板 ID、uuid 指

图 7-34

当前登录的企业用户，为方便分页，使用索引 offset 和获取数量 itemNum 来控制返回值。

服务定义也非常简单，只用到了一个表单实例的输出动作，将接收参数中表单模板 ID 和 uuid 作为输出的筛选条件，输出行数设置为 offset 至 offset+itemNum 范围，并将输出结果作为返回参数（出参）list 的值返回给前端，如图 7-35 所示。

图 7-35

9. 删除指定实例 (deleteSubmit)

删除指定实例的服务，接收参数和返回参数，如图 7-36 所示。

图 7-36

删除实例需要处理两件事，一个是从实例表删除该记录，另一个是将对应表单模板的已提交实例数 submitNum 减 1。根据前端传入的实例 ID，找到该实例数据并临时存在后台的 result 变量中，如图 7-37 所示。

接下来，选中表单实例表，让数据库执行删除数据的动作，设置筛选条件为数据 ID 等于接收参数 formInstanceId，最大删除条数为 1。如果不想误删其他数据，这里一定要设置好。

删除成功后，在表单模板表中更新对应表单模板的实例提交数。这里用到了上一步暂存在 result 里的表单实例数据，将筛选条件设置为数据 ID 等于 result 里的 formTemplateId，并将符合条件的记录的 submitNum 字段减 1，如图 7-38 所示。

如果删除失败，则不修改 submitNum，将失败原因作为返回参数 result 的值返回给前端。

图 7-37

图 7-38

10. 获取打印配置 (getPrintInfo)

获取打印配置需要从表单实例中筛选数据 ID 与传入 formID 一致的实例记录，并将结果返回。在前端实现打印效果时，主要用到的是返回结果中 style 和 styleName 两个字段的数据，如图 7-39 所示。

需要注意的是，这里是从表单实例的数据库中获取指定实例的表单打印配置，而不是从表单模板获取指定模板的打印效果，大家可以思考一下这样处理的原因。

图 7-39

7.3.2 前端开发

1. 前台初始化

前台初始化时，先要获取用户登录状态。为"前台"添加事件，在初始化时调用 init 动作组，如图 7-40 所示。

init 动作组内用到了第三方登录案例，提供 getuserlist 接口和 uuid 小模块实现演示场景下的账号登录。

图 7-40

在 init 动作组的定义中，首先获取 cookie 的用户信息，判断用户是否已登录。若未登录则跳转至配置好的第三方登录地址中；若已登录 (简单判断为 cookie 中拿到 digitUserId 的值大于 0)，通过第三方 API 获取用户的员工列表，在其完成回调中将 userList 对象变量赋值为返回结果 . 查询结果 .map(item=>{item.name=item. 用户名 ;item.avatar=item. 头像 ;return item})，userinfo 通用变量赋值为 userList.find(item=>item. 数据 ID===digitUserId)。

iVX 用户组件中自带获取用户信息、登录和注册等动作，可以直接使用。

2. 加载页初始化

加载页是一个空白页面，其主要逻辑是获取 URL 参数和设备尺寸，通过条件判断让前台跳转至参数所对应的页面。页面跳转用到的是前台的跳转至页面动作，该动作下支持通过下拉框选择页面。比如，当 URL 参数中的 formId 不为空时，表示要去填写这个表单，根据窗口尺寸跳转至电脑端或移动端表单提交页。其余情况，即 formId 为空或无 formId 参数时，表示需要进入表单工具的管理页面，如图 7-41 所示。

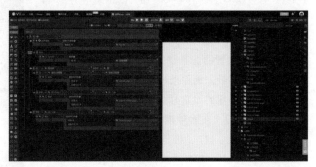

图 7-41

3. 表单管理页

获取到已登录用户信息后，进入表单管理页，本页结构分为顶部导航栏、左侧菜单 (回收站 / 普通列表) 和主体内容展示区三部分，如图 7-42 所示。

根据左侧菜单选中全部表单 / 回收站，调用 getFormList/getRecycleFormList 动作组，如图 7-43 所示。

获取未删除表单模板 getFormList 动作组，通过后台 getFormTemplateList 服务将返回结果赋值给前台的对象数据 formList，如图 7-44 所示。

图 7-42

图 7-43

图 7-44

获取已删除表单模板 getRecycleFormList 动作组，通过后台 getRecycleFormList 服务将返回结果赋值给前台的对象数据 formList，如图 7-45 所示。

(1) 顶部导航栏。用一个"行"组件做顶部导航栏，左侧是固定内容，按设计需求摆放好就可以，右侧为成员显示和切换功能，需要用到"循环创建"组件来实现，如图 7-46 所示。

图 7-45

图 7-46

顶栏最右侧，当前用户的头像和姓名绑定初始化时获得的 userInfo.avatar 和 userInfo.name，如图 7-47 和图 7-48 所示。

图 7-47

图 7-48

设置成员列表下拉框默认隐藏，单击下箭头切换显示状态。成员列表是根据获取到的 userList 动态创建，结构如图 7-49 所示。

图 7-49

其中，for 组件绑定 userList，头像绑定当前数据 1.avatar，姓名绑定当前数据 1.name。之后，设置单击列表成员（"行"组件）实现切换。事件逻辑，如图 7-50 所示。

切换用户操作需要将 userInfo 的全局变量赋值，且需要在 cookie 里修改 user 的 ID，这样即使刷新页面，应用也能显示最新选择的用户。

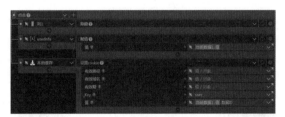

图 7-50

(2) 左侧菜单。左侧菜单目前有两个菜单项，这里用的是相对定位容器实现的布局，如图 7-51 所示。

在点击全部表单的事件逻辑中，先重置前台的表单数据（"对象数组"组件 formList），然后设置菜单选中项（menuIndex）为 0（代表全部表单），最后一步调用 getFormList 动作组，通过后台 getFormTemplateList 服务将返回结果赋值给前台的对象数据 formList，如图 7-52 所示。

同理，可以写出点击回收站的事件逻辑，这里使用 getRecycleFormList 后台服务，如图 7-53 所示。

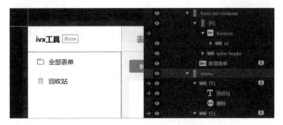

图 7-51

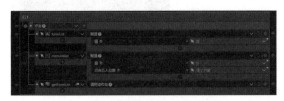

图 7-52

图 7-53

(3) 主体内容展示区。主体内容展示区展示了表单列表，根据左侧菜单选中项展示未删除和回收站中已删除的模板列表，列表右侧为操作表单模板的相关按钮，如图 7-54 所示。

图 7-54

① 新增表单按钮。新增表单按钮仅在全部表单列表上方可见，回收站内不可见。在按钮可见性的设置中用到了一个三元表达式 menuIndex==0?true:false，其中 menuIndex 是上文设置过的菜单选中项，如图 7-55 所示。

新增表单按钮的点击事件，添加 createForm 动作组的调用，完成回调中用 getFormList 动作组获取最新的表单模板记录，如图 7-56 所示。

图 7-55

图 7-56

② 循环创建列表。表单模板列表部分，先用相对定位容器搭建一行表头和一行数据。表头是固定的，表内每行数据是后台服务返回的结构动态创建的，因此在每行数据外加一个 for 循环，如图 7-57 所示。

第一步，使用 for 循环组件的数据来源绑定前台对象数据 formList，如图 7-58 和图 7-59 所示。

第二步，设置循环内的每行前几列分别绑定当前数据，如 title(表单名称)、submitNumuser(提交数量)、Name(创建者姓名) 和创建时间，如图 7-60 所示。

图 7-57

图 7-58　　　　　　　　图 7-59

图 7-60

第三步，操作列使用 if 条件容器，设置条件 menuIndex 变量是否等于 0，用来区分展示仅限未删除表单可用的操作按钮 (填写、编辑和删除) 和仅限已删除表单可用的操作按钮 (恢复)，如图 7-61 所示。

图 7-61

③ 表单编辑。单击编辑按钮时，调用 toEdit 动作组，将"当前数据 1. 值"，作为 obj 参数传入，如图 7-62 所示。

图 7-62

toEdit 动作组，将传入的 obj 数据赋值给表单编辑页需要用到的变量，如图 7-63 所示。cache 是一个通用变量，用于临时存放整个表单模板数据。formStyle 对象数组是启用打印模板的样式参数，基本结构为 [{x:261,y:392,height:47,width:228,open:1}]，这里我们通过 obj 变量给 formStyle 变量赋值，输入框填入 obj['templateStyle']?obj['templateStyle'].styleList:[]。bgImg 文本变量是启用打印模板的背景图片资源地址，同样通过 obj 变量赋值，输入框填入 obj['templateStyle']?obj['templateStyle'].bgImg:""。然后，通过判断条件 !!(obj['templateStyle']&&obj['templateStyle'].styleList&&obj['templateStyle'].styleList.length)=true 将对应的打印模板开关设置为开，否则为关。处理完成后，configIndex 赋值为 0，"前台"跳转至表单编辑页。

图 7-63

④ 表单填写。表单填写是希望可以弹出一个新标签页或窗口展示表单填写页，这里用到了一个自定义函数 openWindow，设置函数的接收参数 formId 为"当前数据 1. 数据 ID"，userId 为"当前数据 1.userId"，如图 7-64 所示。

window.open 函数，如图 7-65 所示。

图 7-64

图 7-65

⑤ 表单记录。查看表单记录使用的是 toSubmitList 动作组，将当"前数据 1. 值"赋值给动作组接收参数 obj，如图 7-66 所示。

toSubmitList 动作组中，将 obj 数据（表单模板数据）赋值给表单记录页，需要用到通用变量 cache。之后，前台跳转至表单记录页，如图 7-67 所示。

添加几个与表单操作有关的弹窗，如删除表单确认弹窗、恢复表单确认弹窗和分享弹窗。弹窗这次选择使用绝对定位横幅，横幅中添加弹窗标题、提示文字和按钮等素材，并调整布局（如果选择相对定位横幅也是可以实现的）。

图 7-66

图 7-67

⑥ 表单删除。删除表单确认弹窗，用于确认是否将模板放入回收站。点击"删除"按钮调用 deleteForm 动作组并传入 formId，删除后隐藏当前弹窗。点击"取消"按钮直接隐藏当前弹窗，不进行模板删除操作。

deleteForm 动作组中调用的是后台 deleteForm 服务，服务完成再调用 getFormList 动作组取得最新模板列表，如图 7-68 ～图 7-70 所示。

图 7-68

图 7-69

图 7-70

完成弹窗设置后，隐藏删除弹窗，设置操作列中的删除按钮的点击事件，触发删除弹窗显示并设置当前操作的 formId 为"当前数据 1. 数据 ID"，如图 7-71 所示。

图 7-71

⑦ 表单恢复。恢复表单确认弹窗，用于确认是否将模板移出回收站。点击"恢复"按钮调用 recycle 动作组并传入 formId，恢复后隐藏当前弹窗。点击"取消"按钮直接隐藏当前弹窗，不进行移出回收站操作。

recycle 动作组中调用了 recycle 后台服务，服务完成再调用 getRecycleFormList 动作组取得最新的回收站中表单模板列表，如图 7-72 ～图 7-74 所示。

图 7-72

图 7-73

图 7-74

完成弹窗设置后，隐藏恢复弹窗，设置操作列中的"恢复"按钮的点击事件，触发恢复弹窗显示并设置当前操作的 formId 为"当前数据 1. 数据 ID"，如图 7-75 所示。

图 7-75

⑧ 表单分享。表单分享弹窗中显示了表单填写地址和地址转化的二维码，便于移动端用户扫码填写，在编辑器中搭建弹窗 UI，如图 7-76 所示。分享弹窗中用到了一个名为 template 的通用变量来临时存放当前要分享的表单模板数据。

设置表单名称绑定"template 值 .title"，如图 7-77 所示。

图 7-76

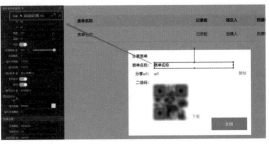
图 7-77

设置 URL 地址为当前页面地址拼接 template 值，数据 ID 作为 URL 参数，因此可以在内容输入框设置 '${window.location.origin}${window.location.pathname}?formId=${template. 值 . 数据 ID}#page=3'，如图 7-78 所示。

设置二维码数据时，选择上述 URL 文本对象，并绑定其内容属性，即"url. 内容"，如图 7-79 所示。

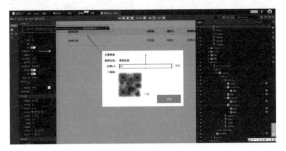
图 7-78

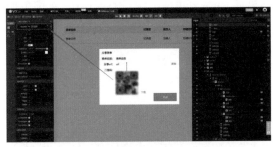
图 7-79

完成弹窗设置后，隐藏分享弹窗，设置操作列中的"分享"按钮的点击事件，触发分享弹窗显示并设置 template 值为"当前数据 1. 值"，如图 7-80 所示。

图 7-80

4. 表单编辑页

表单编辑页用于设计表单模板样式和填写等规则的页面。页面分为表单设计和打印设置两个 tab，位于页面顶栏进行切换。

表单编辑页初始化时，将当前编辑的表单数据 formData 通过上一步传入的 cache 赋值，若 cache 为空则无可编辑的表单数据，因此可以填入 cache. content||[]。此外，还需要设置标题编辑状态为初始值 0(非编辑中)，表单聚焦元素下标为 -1(无聚焦元素)，如图 7-81 所示。

图 7-81

225

表单编辑页使用的通用方法 (动作组)、变量和页面结构，如图 7-82 和图 7-83 所示。

图 7-82   图 7-83

顶栏下方使用了 2 个 if 组件，根据 configIndex 的值识别当前显示的是表单设计页或打印设置页，这里定义 0 为表单设计，1 为打印设置，如图 7-84 和图 7-85 所示。

图 7-84   图 7-85

(1) 表单设计。表单设计页面主要分为表单项添加 (左)、表单主体 (中) 和字段设置 (右) 三个部分，如图 7-86 所示。

表单项预设了多种类型，如单行文本、多行文本、数字和日期等，点击加入至表单后成为表单内需要展示和填写的一个字段。因此，还需要在右侧对字段进行设置，表中用到了多个单行输入框，每个单行输入框都是独立的，需要分别设置字段名称和填写规则。同一个表单项类型可以多次添加至表单内。

图 7-86

中间的表单主体区域是最终表单效果的预览，同时支持点击设置和调整位置。接下来，讲解如何存储和展现自定义表单内容。

表单字段的呈现依靠的是 formData 对象数组，预览部分整体用的是"行"组件，允许换行。数组中字段的结构如下：

{

type:string // 类型对象树中根据该字段将组件渲染成不同的样式

title:string // 字段名称，如"姓名""手机号"等

length:number // 字段所占长度百分比，100 表示占一整行，50 表示占一半

must:number // 0 表示非必填，1 表示必填

……

}

根据每行数据中 type 的值显示不同的字段样式，用 if 组件做控制输出。if 组件本身没有样式，需要在 if 组件内部添加其他组件，if 组件本身可以编辑判断条件。比如，if 判断条件为：

当前数据 .type==="txt" if 内组件添加一个单行文本输入框

当前数据 .type==="textarea" if 内组件添加一个多行文本输入框

当前数据 .type==="number" if 内组件添加一个数字类型文本输入框

当前数据 .type==="date" if 内组件添加一个单行文本，同时添加一个时间选择器和时间图标，编辑页预览部分不需要进行真正的交互，因此不需要添加事件

以此类推，可以新增不同 type 类型的表单字段样式。除了表单字段，formData 中还包含表单背景 (bgcolor)、页眉和分隔线 (line) 效果的属性，类型名可以自定义。

① 表单背景。表单背景设置包括背景颜色和不透明度的设计。此处使用三元表达式，根据 formData 中的 bgOpacity 和 bgColor 来展示，背景颜色默认为白色，不透明度为 100%，如图 7-87 所示。

图 7-87

② 表单字段。表单内自定义的字段是通过 for 组件进行循环创建的，使网页上可以动态展示表单效果以进行可视化操作。for 组件数据来源绑定 formData 数组，如图 7-88 所示。

表单项 formOption 在"对象树"面板的结构，如图 7-89 所示。表单中每个 if 组件都按对应的 type 类型来命名。

图 7-88

图 7-89

根据 type 可判断表单是否为页眉类型。

表单页眉是固定于表单顶部，不可编辑和调整位置。表单页眉状态 state 分为启用/隐藏，页眉内可设置填充图片或文字，如图 7-90 和图 7-91 所示。

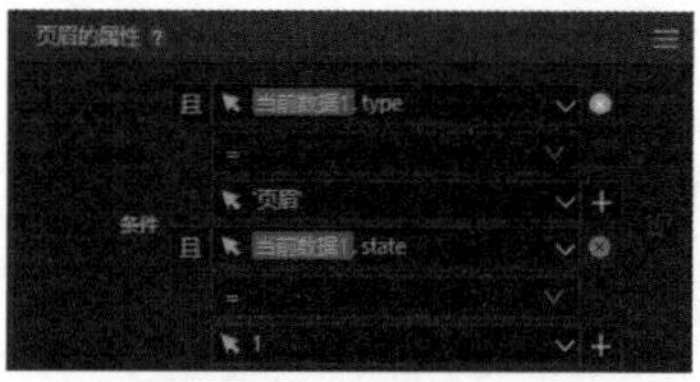

非页眉类型的表单项 option 由上下两部分组成，上部分是统一的字段标题行 option-header，下部分则根据 if 组件判断后显示输入框/选择框/富文本组件框等不同样式，如图 7-92 和图 7-93 所示。

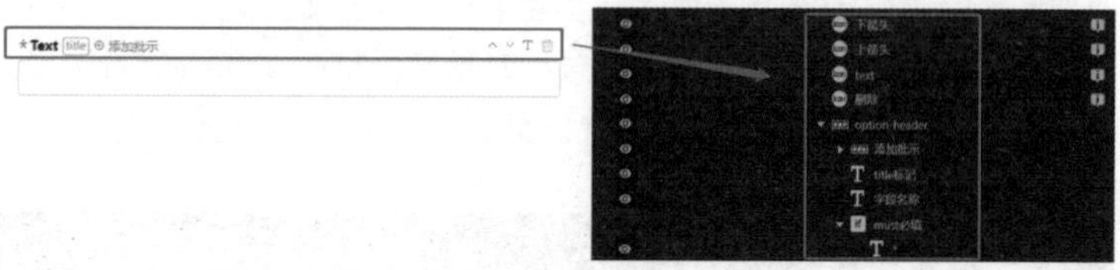

图 7-90

图 7-91

图 7-92

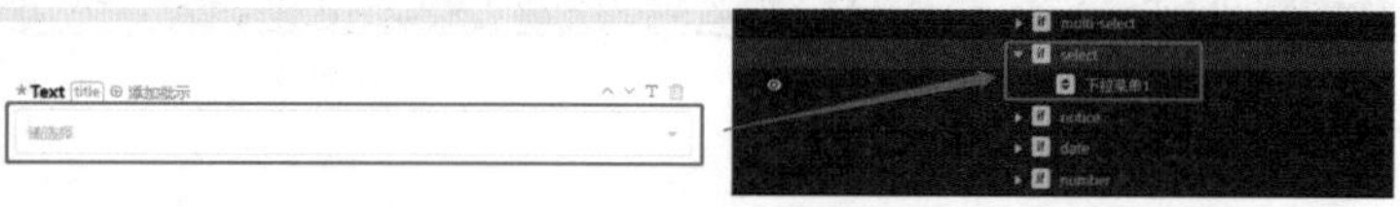

图 7-93

③ 表单设置和表单项添加。表单设计页面的左侧组件栏分为表单基础属性设置和表单选项添加。页面结构，如图 7-94 所示。

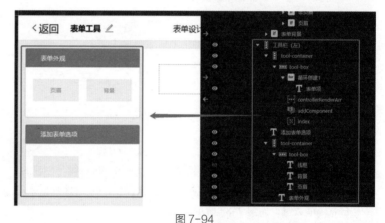

图 7-94

页眉点击事件逻辑是通过 formData 数组中第一行 type 是否等于"页眉"判断。若当前表单无页眉则新增一条初始页眉，向 formData 添加一行自定义结构数据，行设置为 {type:" 页眉 ",state:1,subType:"txt",value:" 页眉 ",fontSize:14,align:"center",color:"black",bold:false,bgOpacity:formData[0].bgOpacity,bgColor:formData[0].bgColor}，如图 7-95 所示。页眉一定要添加至开头位置，若有页眉则不添加，设置表单聚焦元素下标为 0，代表的是页眉编辑中状态。

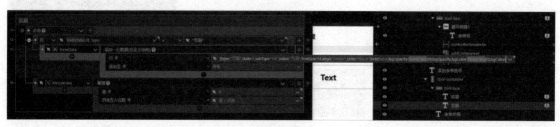

图 7-95

背景点击事件的逻辑，为单击设置表单聚焦元素下标为 –2，代表是背景编辑中状态，如图 7-96 所示。

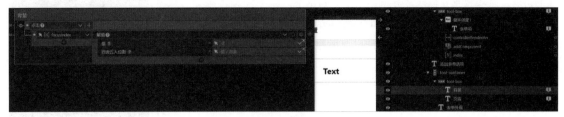

图 7-96

可用表单选项的设置，是新建一维数组 controllerRenderArr，左侧组件栏初始化时，将 controllerRenderArr 赋值为当前可用的表单项。本案例直接在赋值时填入 [{"title":" 单行文本 ","type":"txt"},{"title":" 多行文本 ","type": "textarea"},{"title":" 数字 ","type":"number"},{"title":" 日期 ","type":"date"},{"title":" 下拉菜单 (单选)","type":"select"}, {"title":" 下拉菜单 (多选)","type":"multiSelect"},{"title":" 备注 ","type":"notice"},{"title":" 成员 ","type":"member"}, {"title":" 富文本 ","type":"richText"},{"title":" 分割线 ","type":"line"},{"title":" 表格 ","type":"table"},{"title":" 时间 ", "type":"time"},{"title":" 手机 ","type":"phone"},{"title":" 单项选择 ","type":"radio"},{"title":" 评分 ","type":"score"}, {"title":" 地址 ","type":"city"},{"title":" 附件 ","type":"attachment"}]。

除此方法以外，我们还可以选择新增数组或数据库来更直观地维护可用表单项。使用 for 循环组件绑定该一维数组，动态创建所有可用的表单项，如图 7-97 所示。

图 7-97

表单项的点击事件调用 addComponent 动作组传入所选项对应的 type 的值，即 "当前数据 1.type"，如图 7-98 所示。

在 addComponent 动作组中根据 type 的值向表单数据 formData 中写入一行自定义结构的数据至结尾，如图 7-99 所示。该行数据内容为新增表单字段的初始设置：

if type= select

行 ={"title":" 单项选择 ","options":[" 选项 1"," 选项 2"],"must":1,"type":"select","length":100,index:index}

行的内容直译过来，是字段名称为单项选择，有默认两个选项 1 和选项 2，该字段必填，类型为单项选择，宽度为 100%，字段编号为 index 变量随机产生的值。

图 7-98

图 7-99

行数据添加完成，由于之前做的数据绑定，表单主体区域便自动按初始设置显示新增项，位于表单末尾，在右侧字段设置窗口中还可以继续修改此行数据。

④ 字段设置和修改。有了上文关于表单字段添加的讲解，字段设置和修改部分就简单了。新增字段是添加一行数据至 formData，设置字段则是更新 formData 中指定一行的数据，如图 7-100 所示。

图 7-100

由于不同类型的表单字段的设置规则不同，在"对象树"面板中使用了 if 组件进行判断。if 组件根据表单聚焦元素下标 focusIndex，以及该下标在表单数据 formData 中所指的字段类型，显示右侧设置面板中可编辑的内容，如图 7-101 和图 7-102 所示。

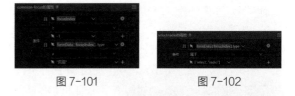

图 7-101　　　　　　　图 7-102

focusIndex ≥ -1 代表有选中，type ≠ "页眉"代表当前编辑的是基础表单字段而非页眉部分。以单选表单项为例，若 formData[focusIndex].type 的值属于 select 或 radio，则显示单选项的设置内容。

字段本身有一些通用的属性，如字段名称、框线效果，这部分不区分类型，因此不用放入第二层的 if 判断下，如图 7-103 所示。

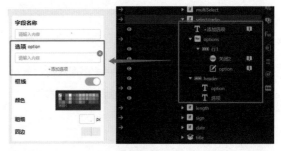

图 7-103

(2) 打印设置。打印设置是允许给每个表单新增一个自定义打印模板，以满足企业内部想要定制化的打印需求。简单来说，就是将表单内容按特定样式和布局打印至指定背景素材上，如图 7-104 所示。根据 configIndex=1 判断当前选中的标签页是否为打印设置，若是则显示下图蓝框区域所示内容。

若使用自定义打印模板，需先开启左上角开关，否则表单会按预设的基础布局打印。开启后，默认空白背景，点击支持上传一张背景图，如带框线和企业 logo 的底图，然后将上传图片的 .url 地址赋值给一个文本变量 bgImg，点击上传的事件逻辑，如图 7-105 所示。

图 7-104

图 7-105

上传完背景图后，这时打印模板内还没有添加要打印的数据。点击"添加"按钮，页面上新增一个文本区域，向 formStyle 里添加一行数据至结尾，行内数据为预设位置、大小，如图 7-106 所示。

图 7-106

每个文本区域的需求是做成支持绑定表单内任意字段的数据或名称，支持拖曳移动位置、调整大小和颜色。整个打印区域选择绝对定位容器，文本区域开启允许任意方向拖动的属性，如图 7-107 所示。

图 7-107

当文本区域被拖动行为结束时，判断条件为手指离开且按下和离开的时间间隔大于 0.2s，更新 X 和 Y 的值。若手指离开且按下和离开的时间间隔小于或等于 0.2s，判定该行为为点击事件触发字段属性的灰色设置窗口为可见状态，如图 7-108 所示。

灰色设置窗口的"对象树"面板结构，如图 7-109 所示。由于希望将其贴于被调整的文本下方显示，因此设置灰色窗口的 x= 当前数据 1.x，y= 当前数据 1.y + 20 px，y 坐标加 20 是防止贴得太紧遮挡住要调整的文本。灰色窗口内输入框、滑块等内容被编辑后，更新数据至 formStyle。

这里需要注意：位置 X、Y 坐标、元素长和宽需要有上下限，以避免所设置的文本内容超出可打印区域 (以 A4 纸张大小做参考)。

图 7-108

图 7-109

图 7-110

绑定内容设置的第一个下拉菜单的可选项为表单内已创建的字段，同样可从 formData 中提取字段列表。当前选中值绑定"当前数据 1"中已设置的字段名，下拉菜单 1 的设置，如图 7-110 所示。

第二个下拉菜单，用于选择绑定该字段的名称或是该字段内用户填写的内容，可选项为字段内容、字段名。当前选中值绑定"当前数据 1.fieldtype"，下拉菜单 2 设置，如图 7-111 所示。

同样，上述两个下拉菜单触发选择选项事件后，更新当前设置的内容至 formStyle 中，如图 7-112 所示。

图 7-111

图 7-112

不论是表单设计或打印模板设置，在编辑页对表单模板的编辑结果都是统一存放于 formData 数组中的。

(3) 更新保存。表单模板的预览和设置都是基于 formData 这个对象数组。这个数组是临时存储的前台数据，并没有同步至数据库。因此，当完成设计后，如果想长期保留当前设置的效果，就需要调用后台服务将模板输入并存入后台数据库中。在页面中，通过单击右上角的"保存"按钮触发并调用 saveForm 动作组，如图 7-113 所示。formData 是作为 content 传入的，代表表单模板的主体内容。

图 7-113

saveForm 动作组中又调用了后台 saveForm 服务，将动作组接收到的数据通过服务提交至数据库中。动作组中增加一个条件行，通过 content.some(item=>item.defaultTitle===true) 判断字段中是否有设置默认标题，有则调用后台服务进行提交，若没有就提示请选定默认标题字段，如图 7-114 所示。这种单独写一个动作组的方式不是必需的，但便于项目后续维护和更新。

5. 表单填写页

表单填写分为电脑版和移动版两种页面效果，两者的区别仅在布局上。其中，移动端为适配手机屏幕，去掉了顶栏，减少正文四周的留白和外边距，表单项全部按容器 100% 宽度进行展示，不支持宽度

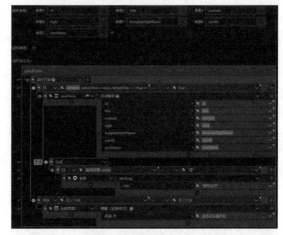

图 7-114

50% 的过窄效果，以免内容无法完整显示。当然，两种效果也可以合并在一个页面中进行设计，页面元素和布局根据宽度自适应，如图 7-115 所示。

(1) 填写页初始化。首先从 URL 地址提取出 formId 参数赋值给文本变量 formId，在页面右侧输入框中填入 window.location.search.replace("?","").split("&").filter(item=>item.includes("formId"))[0].split("=")[1]，用来提取 formId 参数；然后用 formId 通过 getFormById 服务获取对应表单模板的配置，并将"返回结果 .result"保存于前台 cache 变量中；用于渲染前台页面的表单模板数据在 content 字段中，因此需要将 cache['content'] 内容单独赋值给前台通用变量 formData，以便接下来将前台对象与表单数据进行绑定，如图 7-116 所示。

图 7-115

图 7-116

(2) 表单内容显示与录入。表单显示是将前台对象与初始化时获得的表单数据 formData 和 cache 进行绑定。例如，表单名称文本内容绑定 cache.title，这样就可以显示出用户当前填写的是"报销申请表""员工入职表"或其他表单，如图 7-117 所示。

图 7-117

标题下方的白色矩形区域为表单主体，模拟 A4 纸张样式，其内部是用 for 循环和 if 条件组件来显示不同类型的表单字段，如图 7-118 所示。这里同上文表单编辑页的实现方法类似，不做过多讲解。

除了前端根据 formData 显示表单预设的字段外，在此页还要接收用户输入或选择的数据，如图 7-119 所示。给每个类型的表单字段添加事件，将用户输入或选择数据存入前台 formData 对象数组中。在事件面板选择 formData 设置某个值动作，行为当前序号 1. 列为"value"，值为用户填写内容或选中值。比如，单选字段在用户选中选项事件处理时，存入对应字段序号的 value 为选中值。表单中每个类型字段都需要同样处理用户输入或选择的事件逻辑，本节不再赘述。

图 7-118

在表单模板的 formData 中，value 默认是空的，所以才会在初始生成一个空的待填写表单。如果在表单模板中就设置了 formData 中 value 不为空，那就会得到一个有默认值的表单。

图 7-119

(3) 表单内容提交。表单填写完成后，点击页面上的"提交"按钮，调用 submit 动作组。动作组内先要检查必填项是否有为空的情况，设置条件 formData.some(item=>{return item.must&&!item.value}) 是否为 true。若有未填写的必填项，则提示用户"请完整填写必填字段"，而不会进行下一步，如图 7-120 所示。

若必填项全部填写完成，调用 submit 后台服务将 formId、formData 和当前填写人的用户信息传给后台并记录在 formInstance 数据库中，如图 7-121 所示。

图 7-120

图 7-121

6. 提交记录页

提交记录页中可查看指定表单模板收集到的所有用户填写的记录，即表单收集的结果。前端将数据展示为类似于 Excel 表格的效果。提交记录页的页面结构，如图 7-122 所示。

(1) 记录页初始化。初始化时需要调用 getSubmitList 动作组，如图 7-123 所示。

首先，提取 cache 中表单模板的字段内容设置，用于记录页面上表单模板名称和表头字段的循环创建。将 cache.content 赋值给 formData，表头字段使用一个新建的一维数组 options，将其赋值为 formData. filter(item=>!["line"," 页眉 "].includes(item.type))。

之后，调用 getSubmitList 后台服务，从数据库中读取出该表单模板下收集的实例数据。这里需要注意，服务入参的表单模板 ID 为"cache. 值 . 数据 ID"，限制 uuid 为当前登录的 uuid(仅当前企业的数据)，分页我们暂定时设置为 50 条 / 页。

图 7-122

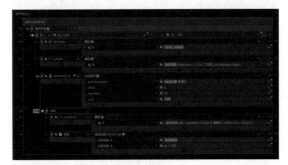

图 7-123

服务完成后，在回调动作里将 (返回结果 .list). map(item=>({id:item. 数据 ID,content:item.content})) 存至另一个一维数组 renderList 中。

(2) 表头循环创建。表头的循环创建使用 for 组件，数据来源绑定上文提到的一维数组 options，字段名绑定当前数据 1.title。因为这里使用的是行容器，所以循环创建的内容会依次向右新增，如图 7-124 所示。

(3) 表内数据循环创建。使用 if 组件，当 renderList. 元素个数 =0，即内容为空时，页面提示还没有收集到记录，如图 7-125 所示。

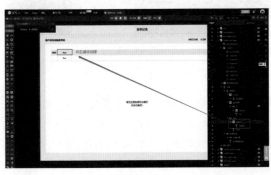

图 7-124

图 7-125

在 renderList 非空情况下，用 for 组件数据来源绑定 renderList，根据一维数组内容元素个数循环创建出多行记录，如图 7-126 所示。因为用的是列容器，所以是向下依次创建每行记录。

图 7-126

在每行记录中的行容器中还需要再增加一个 for 循环，绑定一维数组 options。在 for 循环中新建一个文本变量 subObj 存放字段内容，subObj 变量值为当前数据 1.content.find(item=>item.index&&option[当前序号 2].index===item.index)，如图 7-127 所示。

增加 if 条件判断，若 subObj 为空则默认显示一个空文本于单元格内，如图 7-128 所示。

图 7-127

图 7-128

若 subObj 不为空，根据字段类型将字段内容显示出来，如用户输入的文本类型只需用"文本"组件绑定"subObj. 值 .value"。若是附件类型，由于后台存的是附件名和资源地址，无法直接在一个单元格中预览，这里便要处理成用一个下载按钮，在按钮点击触发后将附件下载至本地查看，如图 7-129 所示。

图 7-129

(4) 表单记录导出。当 renderList 数组内元素个数不为零时，点击"导出"按钮，将表头字段 options 和表内数据 renderList 的 value 存入一个导出用的对象数组 exportArr。之后，选择 Excel 表格组件的导出数组至 Excel 文件的动作，将 exportArr 导出为 Excel 文件并开始下载，如图 7-130 所示。

图 7-130

exportArr 数组赋值动作填入内容为 [options. 值 . map(item=>item.title),...renderList.map((item)=>options. 值 .map(subItem=>(item.content.find(e=>e.index&&e.index===subItem.index)||{}).value))]。

(5) 单条记录查看 / 打印 / 删除。单击记录中的某一行，实现在当前页弹窗查看该记录，效果如图 7-131 所示。

实现上述效果需要在记录页增加一个横幅，默认不可见。单击某行记录时，将当前序号 1 赋值 itemIndex，当前数据 1.content 赋值 currentData，再将横幅设置为可见，如图 7-132 所示。

图 7-131

图 7-132

在横幅中将刚刚的 currentData 绑定至页面元素上，itemIndex 表示当前查看的是第几条记录，通过上一条和下一条按钮触发序号的加 1 或减 1，并重新获取对应序号的表单内容 renderList[itemIndex].content 赋值给 currentData，如图 7-133 所示。

删除当前查看的记录时，用户需要点击"删除"按钮，点击事件的执行逻辑是先隐藏当前弹窗，再调用删除指定实例的后台服务，传入数据为 renderList[itemIndex].id。删除完成后，重新获取当前表单的提交记录（实例）赋值给对象数组 currentData，如图 7-134 所示。

图 7-133

图 7-134

7. 表单打印页

新建一个自定义函数并写入 window.print()，完成 print 函数的制作，如图 7-135 所示。

图 7-135

在单条记录查看的横幅旁增加一个"打印"按钮，点击后对 printFormId 和 formID 赋值为 renderList[itemIndex].id，之后前台跳转至表单打印页，如图 7-136 所示。

新建一个表单打印页，在初始化时需要用点击"打印"按钮时记录的 formId，通过后台服务 getPrintInfo 获取该表单的打印设置和表单数据。表单打印页内根据服务获取的打印设置和表单数据渲染出所需的打印效果。最后，调用 print 函数将当前页面内容打印出来，如图 7-137 所示。

图 7-136

图 7-137

7.4 项目小结

7.4.1 功能演示：新建一个表单模板

表单应用的主要难点为自定义表单较复杂的数据结构。iVX 网站上提供应用源码供学习和参考，感兴趣的读者可以自己尝试开发一下。

新建表单的方法如下。

(1) 在表单管理功能页下，单击新建表单。

(2) 新增表单默认为未命名表单，具有一个标题字段，如图 7-138 所示。

图 7-138

(3) 在表单设计页，设置表单样式：背景颜色、表单页眉。表单背景默认为白色，可从右侧色板中选择所需颜色，设置不透明度，如图 7-139 所示。

图 7-139

表单页眉默认不开启，点击"开启"后，表单顶部会增加一个页眉区域，支持文字和图片页眉。设置文字页眉时需填写文字内容、选择字号和文字颜色，调整至所需效果。设置图片页眉时需从本地上传一张图片，建议使用横版 jpg、png 图片。

(4) 添加表单项，从右侧选择不同类型的表单项添加至表单内部，表单项之间可通过上下箭头调整顺序。选中新增表单项，在右侧进行字段设置，如图 7-140 所示。

图 7-140

(5) 标题字段设置，表单中带有"title"标签的是标题字段，唯一且不能被删除。默认表单创建是第一个字段为标题字段，后续新增字段可点击右上角的 T 图标，切换设置为新的标题字段。

(6) 继续按需添加表单字段，完成后点击"保存"按钮，如图 7-141 所示。

(7) 将已创建的表单模板分享给他人填写，只需点击表单右侧的"分享"按钮，在弹窗中可以将表单填写地址复制并发送给他人，或将二维码下载后，邀请他人扫码在移动端填写表单，如图 7-142 所示。

图 7-141

(8) 进入填写地址或扫码后打开的页面，显示的表单内容和编辑时一致，其中星号标记的为必填项，如图 7-143 所示。用户完成填写后，点击"提交"按钮，表单中填写的数据将记录至后台。

图 7-142

图 7-143

7.4.2 扩展开发：BI 引擎联合使用

1. BI 引擎介绍

BI 引擎是数据可视化展示和分析的便捷开发工具，可自由连接数据源获取数据信息，并实时展示成图表或设备样式让数据变得生动，如图 7-144 所示。

图中，1 区为项目操作区，主要对项目进行保存、预览、另存为、删除等操作；2 区为组件区，用于添加基础组件，自定义组件可以通过"图片""布尔图片"或"图片组"自行上传；3 区为组件设置区，

图 7-144

用于组件属性的设置、数据的绑定、交互的添加；4 区为内容舞台区，用于查看、编辑组件的位置；5 区为组件列表区，用于查看当前已添加组件的列表，以及选中组件、控制组件的层级关系。

2. BI 引擎体验和下载

表单引擎中收集的表单数据可作为 BI 引擎的数据来源，可以实现用表单数据生成动态报表，如图 7-145 和图 7-146 所示。

图 7-145

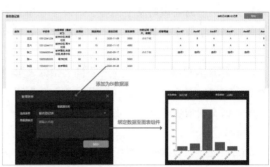

图 7-146

实现上述扩展功能，只需制作一个公开服务 API，提供给 BI 引擎获取和绑定数据。

3. 公开服务 API 设置

接收参数为 action 和 data，action 代表需要表单引擎后台处理的事件或业务，data 为事件或业务处理时需要的数据，类型为 JSON 对象，格式不固定，如图 7-147 所示。

举例 1：在 BI 引擎中新增表单作为图表的数据源时，先是需要获取当前企业在表单引擎中可用的表单模板。实现时，定义 action 为 getFormList，data 对象内容为 uuid 字段和对应的值。当表单后台通过 API 接收到此请求后，根据 uuid 从表单模板数据库中筛选输出符合条件的表单模板列表。最后，作为 API 的返回参数返给 BI 引擎使用。

举例 2：BI 引擎中将表单数据绑定至图表后，需要动态获取指定表单的提交数据。实现方法同样使用上述接口，传入 action 为 getSubmits，data 内容为表单模板 ID、索引 offset，获取数量为 itemNum 和 uuid 组成的 JSON，如图 7-148 所示。

表单后台在接收到此请求后，通过已有的后台服务从实例记录数据库输出结果并返回，如图 7-149 所示。

回到 BI 后台，处理返回的表单提交数据为可展示的效果，这里不做过多展开，感兴趣的同学可以在 iVX 官网下载 BI 引擎实例学习，如图 7-150 所示。

图 7-147

图 7-148

图 7-149

图 7-150

第 8 章

扩展阅读

8.1 低代码 / 无代码产品的原理

8.1.1 关于低代码概念的思考

近年来，出现了很多低代码平台，从产品的角度来看，通常是先有"需要解决的问题"和"对应的场景"，然后才会出现"产品"，再通过产品抽象出"概念"。国外很多低代码平台就是这样产生的，如 2001 年的 OutSystems，2005 年的 Mendix。不过那时此类平台还没有统一的称呼，直到 2016 年左右高德纳咨询公司才提出了"低代码"这个概念。iVX 的开发团队早在 2007 年就关注到传统开发方式的成本和门槛过高的问题，并开始尝试早期的研发工作，在"低代码"和"无代码"概念被提出之前，坚持以"不编写代码，实现可视化开发"为目标推进自身产品的迭代。

在互联网市场中，"概念"也是所谓的行业"风向"，即"流行了什么概念"，互联网企业就动手做或者直接把原有产品包装成"流行的概念"。这也许是企业出于对融资的考虑，或是跟随风向才能使产品不至于掉队，以往的"云计算"是这样，"大数据"是这样，VR/AR 是这样，现在的"低代码 / 无代码"也是这样。虽然流行概念层出不穷，市场风向不断变化，但是 iVX 始终坚持针对"需要解决的问题和对应的场景"推出更优的解决方案，坚持纯粹的产品研发。

目前，"低代码"平台确实存在不足之处（见图 8-1）：低代码产品无法通过无代码的形式完整表达"程序逻辑"，因此低代码本身是不完备的，只是降低了对代码的依赖程度；低代码中"需要写的那部分代码"，由于逻辑复杂而难以表达，因此离不开程序员，且要求的技术水平并没有降低；各低代码平台的接口并非通用，从事低代码开发的程序员还需要再了解低代码平台各类接口、架构、开发规范等，因此节省的成本就比较有限了。

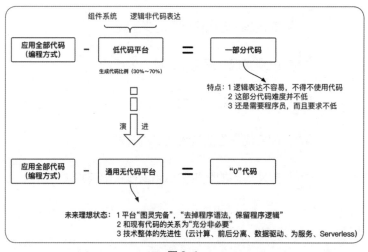

图 8-1

从图 8-1 的第一行公式中可以看出，低代码产品确实存在这些问题，但是低代码产品的目标是将需求形态演进到极致，也就是"通用无代码"，或者说是"可视化开发语言"，这也正是 iVX 的研究方向。未来，无代码平台的理想状态是具有图灵完备的"程序逻辑无代码表达"能力，采用图形化逻辑编排面板；和现有代码的关系是"充分非必要"，即代码都可以在该系统中嵌入，但是完全不用代码也可以；集成当前已经被验证过的新技术、新框架为通用的模块或开发资源。

8.1.2 低代码 / 无代码的核心能力

关于"企业级低代码开发平台"的核心能力点的描述，如图 8-2 所示。

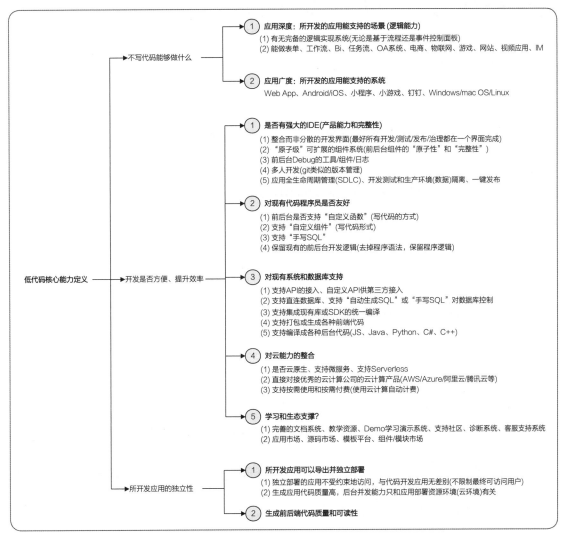

图 8-2

图中已经比较全面地概括了"低代码 / 无代码"的一些核心能力点，开发者在选择平台的时候，可以逐一考量。关于"低代码"的核心能力点，iVX 都是符合的，这也是产品被归为"低代码 / 无代码"平台的原因。就 iVX 具备的功能而言，现在只有"后台编程成多种语言"这一点还没有实现，原因是 iVX 已经解决了 Java、JavaScript、Android、Python 等语言软件开发工具包直接上传运行的问题，可以和其他编程语言在平台上统一运行，而 iVX 本身编译出来的是 JS 语言，若编译成其他编程语言，开发者也不能直接修改语言代码，这样会造成无法在 iVX 进行后续开发的问题。

8.2 低代码 / 无代码产品的类型

8.2.1 低代码应用开发平台

代表产品：Mendix/OutSystems/ 活字格 /ClickPaaS/ 牛刀……

用户：程序员

使用场景：程序员在开发过程中，降低应用开发过程中的编码量，便于维护。

产品特点：

(1) 自带 IDE，能生成源代码。

(2) 能够无代码表示大部分的逻辑 (通常需要代码辅助)。

核心能力：

(1) 任意独立部署的代码。

(2) 前端的灵活性，支撑系统和场景。

(3) 后台功能组件化。

(4) 和现有系统的整合能力。

(5) 微服务 / 数据的安全和访问控制。

上述内容只客观阐述各产品特点，大家可结合产品特点自行评估。

8.2.2 无代码应用搭建平台

代表产品：宜搭 / 明道 / 轻流 / 简道……

用户：业务人员

使用场景：业务人员通过现有 SaaS 模板搭建特定场景的应用，给自己或他人使用

产品特点：

(1) 产品由多个 SaaS 模板 (模型) 组成，模型具有一定灵活性，操作简单，可以快速搭建特定场景下的典型应用。

(2) 已经被定义好的用户权限 / 角色管理。

(3) 运行应用需要安装全套系统。

核心能力：

(1) 特定场景数量 (模型数量)。

(2) 模型本身的灵活性 (可配置能力)。

(3) 模型之间的数据和接口打通。

(4) 模型的二次开发能力。

8.2.3 通用无代码开发平台

代表产品：iVX

用户："新"程序员 (想学习快速编程的人，而且对代码能力无要求)

使用场景：一种新的编程模式，不用写代码。

产品特点：

(1) 学习快数倍 (相比代码编程)；研发 / 运维快数倍。

(2) 自带通用无代码开发 IDE，"写代码"关系是"充分非必要"，用户可以将前后台及 SQL 代码嵌入系统，但是完全不写也可以。

(3) 基于"事件面板"的逻辑表达，实现前后台逻辑表达一致性和"图灵完备"。

(4) 组件分层合理充分。

核心能力：

解决了"低代码应用开发平台"现存的一些问题，并通过无代码的方式加以实现。

8.3 iVX 实现"通用无代码"的要素

从产品形态上，iVX 实现"通用无代码"，有两个非常重要的因素，即逻辑的无代码表达和组件的分层架构设计。它们使得 iVX 成为几乎唯一的"通用无代码"平台。

8.3.1 逻辑的无代码表达

要想减少代码而功能不变，核心要解决的问题就是"代码逻辑"如何通过"非代码"的方式完整表达。目前大多数"低代码 / 无代码"产品都是通过图形化的方式，降低程序逻辑的读写难度，而过度的图形化设计在表现复杂的代码逻辑时便会暴露其局限性。市面上常见的一类低代码平台采用的是流程图形式，便于表现整合度较高的简单业务流程，而随着节点和连线数量的增加，逻辑关系显得交错且复杂，难以理解和维护。

为了完整还原程序逻辑的同时，最大限度地做到易学易用，iVX 自行研发设计了更加贴合中文语义的线性逻辑编辑面板，如图 8-3 和图 8-4 所示。

图 8-3   图 8-4

在面板中，每行的动作或含义都是中文的，自上而下、从左到右的顺序让人人都可以像日常读写一样编程，可以添加"动作""条件""循环""回调"四种节点，可以通过颜色区分，保证"逻辑上图灵完备"。另外，节点以行的形式向下排列，使得整个逻辑添加过程是"线性的"，保证再多的逻辑都可以装下。左侧的缩进距离体现出行之间的嵌套关系，子层内容可以通过 +/- 图标展开 / 折叠内容，在多层嵌套后依旧可以保证结构整齐。

在操作上，"鼠标编程"完全替代了"键盘编程"过程。平均一次有效操作(1 复杂度)，可以生成 500 ～ 800 行代码，加上组件和逻辑的重用机制，开发效率提升 5 倍以上。函数(在 iVX 中称为动作组)、后台逻辑也复用同样线性逻辑表达面板，整个过程几乎用不到语法，只需要"逻辑"本身。

这种逻辑上表达的优势，使得 iVX 从逻辑侧为"通用无代码"编程提供了可能。

8.3.2 组件的分层架构设计

iVX 组件的分层架构设计，按颗粒规模划分为三层。最底层是原子组件，是最小粒度的，抽象度高，是非常通用的基础组件；中间层是中粒度的自定义组件，支持开发者自行设计、上传和交易；最上层是大粒度的小模块，开发者可将已完成的通用功能进行封装，可复用或交易。

在 iVX 中提供了多种原子级组件，如图 8-5 所示。其中，值得一提的是变量组件，有了变量就可以完成"赋值"和多种计算，而且这种计算还是可视化的。在所有知名的"低代码/无代码"产品中，只有 iVX 是拥有变量的，包括数值变量、文本变量、布尔变量、时间变量、一维数组、二维数组、对象变量、对象数组、通用变量等。这些变量前后台都有，也正是这些变量的组件化，保证了逻辑面板可以实现较为复杂的算法和运算。

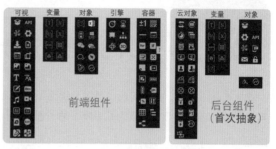

图 8-5

此外，iVX 的组件经过抽象实现了前后台分离，而绝大部分的低代码 IDE 只有组件的概念，在开发过程中，很难实现前后分离和多人开发。这个问题 iVX 早在 4.0 版本时就已经解决，这也为较复杂应用的研发和管理带来了便利。

iVX 分层的组件架构提供包括原子组件、自定义组件和小模块，涵盖了前后台开发所需的各类组件和模块，如图 8-6 和图 8-7 所示。它赋予开发者自由创作和扩展的能力，同时更方便开发者构造各类应用。

图 8-6

图 8-7

由于 iVX 只生成程序本身，不带任何后台资源，只有程序代码，如果将其导出部署，后台的并发能力只依赖部署后端的基础设施。也就是说，如果后台程序放到阿里云上，则后台服务能力依赖阿里云的能力，如果装到某台服务器上，则依赖这台服务器的能力。iVX 生成的应用如果不导出，默认运行在 AWS 云上。

另外，安全隔离也是同样的道理，iVX 本身程序实施了传输加密和常见的代码级安全手段，其他安全能力和数据隔离保护也是由后端的基础设施提供的。

8.4 iVX 数据对接方式

8.4.1 API 对接

iVX 除了可以任意创建数据库 / 数据表以外，还可以非常便捷地连接第三方数据库。最常见的方式是通过 API 连接第三方数据库提供的接口和服务。

iVX 自身也可以封装各种类型的服务 (API 接口)，以供外部系统进行访问。iVX 提供的服务主要包含如下几种类型。

(1) 普通服务：应用内进行访问的服务。

(2) 微服务：企业账号内微服务——企业微服务；内应用下的微服务——组内微服务。

(3) 公开服务：通过互联网访问 (IP 地址访问) 的服务。

8.4.2 DBO 对接

目前未集成至 iVX 的第三方外部数据库，如 Oracle、SQL Server、PostgreSQL 等，也是可以在 iVX 中连接并使用的，但需要通过 iVX 的 DBO 对象层进行控制和访问。操作上只需要开发者自行编写目标数据库的 SQL 语法，然后 iVX 系统会将这些开发者编写的 SQL 直接打包到应用中，并在需要访问目标数据库的时候发送出去 (效果上和自动生成 SQL 差不多，只是需要手写 SQL)，如图 8-8 所示。

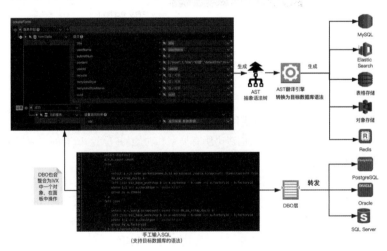

图 8-8

8.4.3 iVX 自建数据库

iVX 对于一些已经深度支持的自建数据库，可以直接通过事件面板生成对应的 SQL 语句进行控制，不需要写任何 SQL 代码。iVX 直接可以生成对应 SQL 语法的数据库，具体包括：

(1) MySQL/PostgreSQL/SQL Server；

(2) ElasticSearch；

(3) 表格存储 (AWS DynamoDB)；

(4) 对象存储 (AWS S3)；

(5) Redis；

(6) ClickHouse(分析型数据库);

(7) MQ(Message Queue)；

(8) 国产数据库 (金仓 / 南大通用等)。

实际上，iVX 已经支持了 AST(抽象语法树)，会自动完成逻辑面板中结构和目标数据库 SQL 对应语法的自动转换。

8.5 iVX 代码生成过程及二次开发

8.5.1 iVX 代码生成过程

iVX 代码生成的过程，以及相应的运行环境，如图 8-9 所示。

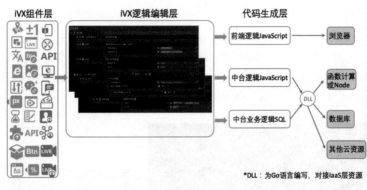

图 8-9

简单理解，iVX 先抽象和构造出各种前端和后台的"原子组件"。"原子组件"即组件具备"原子"属性，一般不可再分，而且具有"完备性"，可以构造出所有类型和功能的应用。所有的"原子组件"都是基于面向对象设计的，包括"触发条件""属性""函数 Function"。

有了原子组件以后，iVX 提供了"逻辑面板"，是 iVX 可以不通过代码实现各种逻辑的核心部分。通过"逻辑面板"，把所有"原子组件"和"功能逻辑"结合起来，形成"抽象语法树 AST"。这一步应用是开发过程中核心的一步，也是操作比较难的部分。iVX 只去掉了程序语法，而逻辑还是需要开发者进行构建的，当然经过一段时间的学习和研究，一般开发者都会熟练构建常见应用的各种逻辑。

下面就可以进行代码生成了，现阶段主要支持生成的代码格式为 JavaScrpit 和 SQL。

需要强调的是，iVX 的"逻辑面板"是"图灵完备"的，"图灵完备"就是理论上合理的逻辑，都可以通过"逻辑面板"表达出来。因此，不用担心表达不出来逻辑的情况，也正是这个原因，iVX 才可以实现不写代码的技术。

8.5.2 iVX 代码的二次开发

iVX 生成的前端的 JavaScript 和中台的 JavaScript 都是可以直接修改代码部分的。iVX 甚至允许开发者嵌入自己的代码 (自定义函数)，对应用内的功能进行实现。不过，建议用户不要自行修改自动生成的 JavaScript 代码，否则无法重新导入 iVX 系统中。

建议大家在 iVX 中进行二次开发，二次开发其实是第一次开发成果的"迭代"。因此，二次开发直接在 iVX 系统中操作就可以了，方便快捷。而且如果要导出应用进行私有化部署，在 iVX 中也非常方便，直接导出并覆盖以前的基座程序就可以。导出不会影响现有数据，只会覆盖程序本身，大家可以放心使用。

　　"二次开发"过程最好不要绕开"首次开发"过程，也就是"不要修改源代码"。很多程序员会有这样的执念，要写一点代码才放心(在 iVX 上也是可以写代码的)，其实完全没有必要，只要 iVX 逻辑上是"完备的"，最简单的方式还是继续使用 iVX 进行开发。

8.6　iVX 应用的版权归属和著作权申请方法

8.6.1　应用版权归属

　　iVX 平台只提供应用开发 IDE 和应用托管云服务，应用版权归开发者所有。

　　此外，iVX 平台提供一些技术手段，防止其他平台用户侵权。例如，下载 iVX 源代码修改之后，不能再发布为 iVX 源代码。

8.6.2　著作权申请

　　由于 iVX 应用开发好以后，可以生成 JavaScript 代码，这部分代码是可以下载的，而且生成部分版权属于开发者，因此用户可以申请代码的著作权。

　　申请 iVX 代码著作权的方式与普通手工编写代码的申请方式并无不同，申请的过程也完全一样，也可以利用第三方平台来代理申请。